Hindenburg

und die große Zeit der

Luftschiffe

© Carlton Books Ltd.,1999
© Copyright der deutschsprachigen Ausgabe by Gondrom Verlag GmbH,
Bindlach 1999

Produktionsbetreuung der englischen Originalausgabe:
Camilla MacWhannell
Layout: Andy Jones, Barry Sutcliffe und Deborah Martin
Herstellung: Garry Lewis
Bildrecherche: Lorna Ainger

Produktionsbetreuung der deutschsprachigen Ausgabe:
Print Company Verlagsgesellschaft mbH, Wien
Übersetzung: Caroline Klima

ISBN 3-8112-1734-8

Hindenburg

und die große Zeit der Luftschiffe

Mike Flynn

GONDROM

Inhalt

Prolog

DAS ENDE EINES TRAUMS: DIE
HINDENBURG GEHT NEBEN DEM
ANKERMAST IN LAKEHURST IN
FLAMMEN AUF.

Als junger Reporter des Chicagoer Rundfunk-senders WLS war Herbert „Herb" Morrison daran gewöhnt, Großereignisse für seine Stammzu-hörerschaft zu kommentieren.

Gesellschaftliche Ereignisse, bedeutende Eröffnungen und die gelegent-lichen Besuche der Reichen und Schönen waren für Morrison und seinen Toningenieur Charlie Nehlson Routine.

Nachdem sie schon lange vor der planmäßigen Ankunft des großen deutschen Luftschiffes *Hindenburg* in Lakehurst Field angekommen wa-ren, beschlossen sie, ihr Lager in einem kleinen Hangar aufzuschlagen. Dieser lag gleich neben dem riesigen Hangar Nummer Eins, der speziell für Luftschiffe erbaut worden war. Herb überprüfte seine Sicht durch die Fenster, während Charlie die Aufnahmegeräte aufbaute. In den 30er Jahren wurden Reportagen normalerweise auf großen Metallscheiben aufgenommen, zur Radiostation gebracht und von dort aus gesendet. Zu dieser Zeit konkurrierten die Radiostationen darin, ihre Nachrichten so schnell wie möglich an ihre Hörerschaft zu bringen.

Nach einem ganzen Tag langen Wartens näherte sich die *Hindenburg* endlich im Landeanflug. „Hier kommt sie, meine Damen und Herren!" begann Morrison heiter. „Und was für ein Anblick das ist! Ein erregender, großartiger Anblick. Sie kommt herunter vom Himmel, sie ist auf uns, auf den Ankermast gerichtet. ... Die Sonne spiegelt sich in den Fenstern des Aussichtsdecks an der Ostseite, und das Licht funkelt wie glitzernde Juwelen auf schwarzem Samt." Und so fuhr er fort, berichtete routinemäßig über die Geschehnisse und brachte Beschreibungen sowie Hintergrundinformationen über die *Hindenburg* bis zu dem Moment, an dem das Unfaßbare geschah.

Vor seinen Augen entwickelte sich das größte Ereignis seines Lebens, obwohl Morrison sicherlich wünschte, er hätte es nicht erleben müssen. Augenblicklich veränderte sich seine ruhige, professionelle Stimme.

„Sie bricht in Flammen aus. Das mußt du kriegen, Charlie ... Geht aus dem Weg, bitte; oh, das ist schrecklich, oh, geht doch aus dem Weg, bitte! Sie brennt, sie steht in Flammen, und sie fällt auf den Ankermast, und all die Leute, wir ... das ist eine der schlimmsten Katastrophen der Welt! Oh, das geht 100 oder 150 Meter in den Himmel, ein schrecklicher Absturz, meine Damen und Herren. Oh, die Menschheit ..."

35 Menschen verloren ihr Leben, während Morrison diese Worte sprach. Am nächsten Morgen erwachte die Welt mit dem ersten live aufgezeichneten Katastrophenbericht der Geschichte. Kinos zeigten bald den schokkierenden Film über den Absturz der *Hindenburg*. Alle, die Morrisons Übertragung gehört hatten, erinnerten sich noch lange daran, dankbar, daß sie nicht in dem Luftschiff waren, als es sein furchtbares Ende fand.

Aber damals ging noch etwas anderes als wertvolle Menschenleben verloren. Das Ende der *Hindenburg* war das Ende der großen Luftschiffe überhaupt. Amerika, Großbritannien, Frankreich und Italien hatten gesehen, wie sich ihre Träume von der Eroberung des Luftraums in Alpträume verwandelt hatten. Nun waren auch die Hoffnungen Deutschlands, das als einziger Erbauer dieser imposanten Konstrukte verblieben war, für immer zerstört. Ein tragisches Ende für den schönsten und unschuldigsten aller Träume, der keine 150 Jahre zuvor begonnen hatte.

DAS GROSSE LUFTSCHIFF, VERANKERT IN LAKEHURST FIELD, NEW JERSEY, AUF EINEM SEINER BESUCHE 1936

Kapitel 1

Morgenröte

THEOPHRASTUS PARACELSUS,
SCHWEIZER ARZT UND ALCHEMIST,
UND EINER DER GRÖSSTEN
DENKER DER RENAISSANCE

Der Traum vom Fliegen ist wohl so alt wie die Menschheit. Wahrscheinlich gab es schon in der Antike die ersten Versuche, die Schwerkraft zu überwinden. Solche Bemühungen setzen jedoch bestimmte naturwissenschaftliche Erkenntnisse voraus, und es sollte in der Entwicklung der Menschheit noch lange dauern, bis die Zeit reif dafür war, daß ein Mensch den Himmel eroberte.

Wie es bei so vielen großen Errungenschaften der Zivilisation der Fall ist, liegen auch die Ursprünge des Fliegens im fernen China. Zum Ende des ersten Jahrtausends nach Christus hatten die Chinesen den Drachenflug bereits so weit entwickelt, daß man ihn als grausame Form der Bestrafung einsetzte. Verbrecher wurden an riesige Drachen gebunden und an stürmischen Tagen dem Wind ausgeliefert. Um diese Flugdrachen jedoch gezielt einsetzen zu können, fehlte es noch an technischem und naturwissenschaftlichem Wissen: So gab es zum Beispiel keine Lösung dafür, wie sich diese Fluggeräte kontrolliert steuern ließen.

Die ersten Skizzen und Entwürfe einer Flugmaschine, die uns aus Europa überliefert sind, stammen aus dem 15. und dem frühen 16. Jahrhundert, dem Zeitalter der Renaissance und des Humanismus. Diese Epoche, die in Italien ihre Blüte hatte, zeichnete sich durch die Ausbildung eines neuen Lebensgefühls aus, das – besonders in der bildenden Kunst – stark an antike Vorstellungen anknüpfte. Zudem waren die großen Denker bestrebt, objektive Erkenntnisse über die Natur hervorzubringen. Bedeutende Wissenschaftler wie der Arzt, Naturforscher und Philosoph Paracelsus setzten das naturwissenschaftliche Experiment an die Stelle der bloßen Überlieferung und des Aberglaubens. Im Zentrum des Denkens stand zum ersten Mal der Mensch als Individuum.

Damals gab es noch keine Trennung zwischen Naturwissenschaft und Kunst, viele Künstler waren zugleich Wissenschaftler und beschäftigten sich mit dem Studium der Natur. Die Malerei löste sich zunehmend davon, rein kirchliche Motive abzubilden: Zum ersten Mal gewann die Darstellung der Landschaft an Bedeutung, und man griff auf mythologische Motive der Antike zurück.

Leonardo da Vinci (1442–1519), der zusammen mit Michelangelo und Raffael einer der bedeutendsten Künstler der Renaissance war, befaßte sich mit naturwissenschaftlichen Fragen und war zugleich Erfinder. Die Möglichkeit, daß der Mensch fliegen könnte, ließ ihn nicht los. Er entwarf eine Reihe von Fluggeräten, wie zum Beispiel eine Art Helikopter und ein Flugzeug, dessen Flügel aber sehr instabil waren, da sie nur von Muskelkraft bewegt werden konnten. Leonardo hielt jedoch seine Entwürfe gegenüber der Öffentlichkeit erst einmal zurück. Und so tauchten dessen Skizzen erst auf, nachdem andere Zeitgenossen ihre eigenen Ideen bereits umgesetzt hatten.

LEONARDO DA VINCI: STICH NACH EINEM SELBSTPORTRAIT

EINER VON LEONARDOS ENTWÜRFEN FÜR EINE FLUGMASCHINE, DIE SOGAR LEITERN ZUM ABSTIEG ENTHÄLT

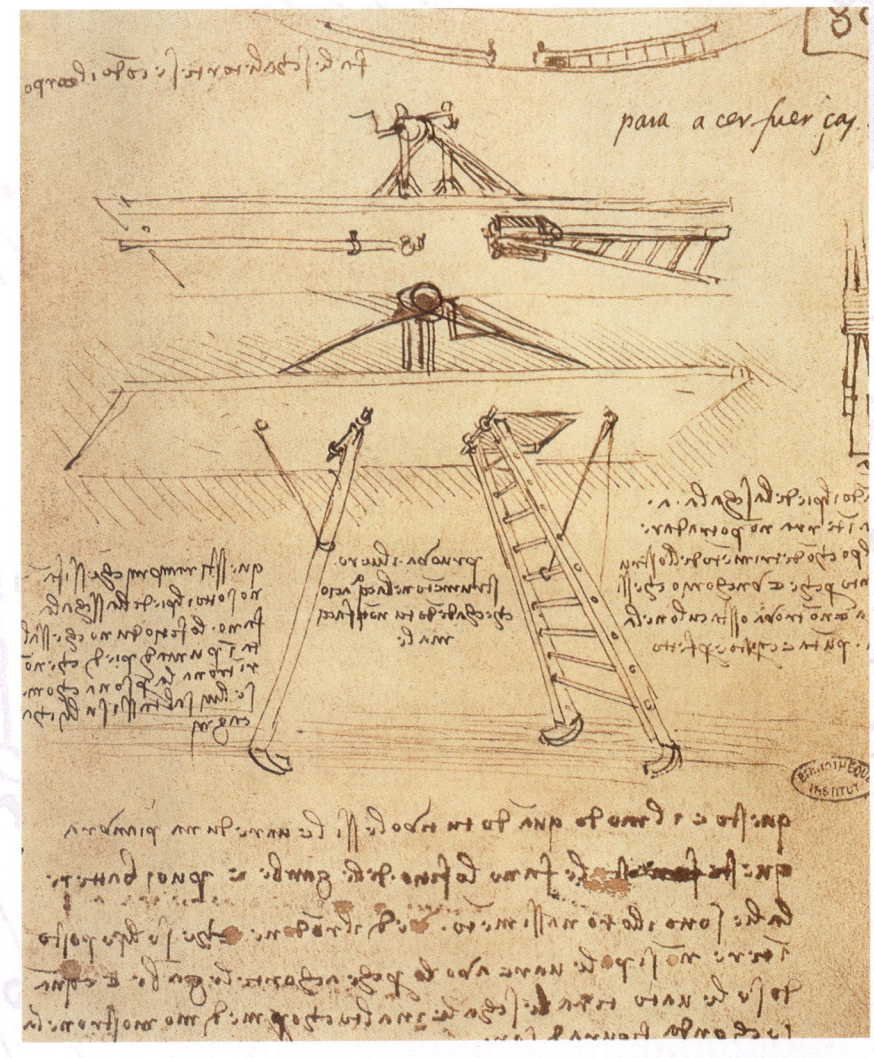

*Die Brüder Mont-
golfier bliesen vor
den Augen der
Öffentlichkeit heiße
Luft in den Ballon,
die den Korb vor der
staunenden Menge
in den Himmel
steigen ließ.*

DER BALLON, DER DE ROZIER
UND DEN MARQUIS D'ARLANDES
AUF DEM ERSTEN BEMANNTEN
FLUG GETRAGEN HAT, STEHT KURZ
VOR DEM ABHEBEN.

Die Brüder Joseph-Michel und Jacques-Etienne de Montgolfier
waren untypische Pioniere. Ihre Eltern besaßen eine sehr erfolgreiche
Papierfabrik, fanden aber dennoch Zeit, 16 Kinder großzuziehen, von
denen sich zwei einen berechtigten Platz in der Geschichte verdienten.
Es ist nicht bekannt, wodurch sich das Interesse der Brüder für das
Fliegen entzündet hat. Sie waren weder wissenschaftlich gebildet noch
in Fragen der Technik besonders bewandert. Es hätte ihnen wohl auch
an Zeit und Ressourcen für die Ausübung ihres Hobbys gemangelt, wäre
da nicht das Einkommen aus dem elterlichen Betrieb gewesen.

An einem sonnigen 4. Juni 1783, als Frankreich an der Schwelle zu
einer der blutigsten Perioden seiner turbulenten jüngeren Geschichte
stand, versammelte sich eine Menge auf dem Marktplatz der kleinen

Stadt Annonay, um der Vorführung der neuesten Erfindung der Brüder Montgolfier beizuwohnen. Niemand weiß, ob diese Leute kamen, um sich über die Anstrengungen der Brüder lustig zu machen, oder ob sie als Einheimische rein zufällig auf diese Abwechslung vom städtischen Alltag stießen. Sicher ist jedoch, daß sie diesen Tag ihr Leben lang nicht vergessen sollten.

Vor den amüsierten Zuschauern breiteten die Brüder etwas aus, das wie ein großer, hübsch verzierter Sack aussah. Sie steckten ein Strohbündel in Brand und hielten den Sack über das Feuer.

In unserer Zeit, in der jedes Ereignis von Fernsehen oder Radio weltweit live übertragen werden kann und in der es kaum noch Überraschendes gibt, fällt es schwer, sich vorzustellen, welchen Effekt das, was nun geschah, auf die Zuschauer hatte. Das 18. Jahrhundert kannte das Fliegen nur als Gottes Wille. Doch hier, vor aller Augen, bliesen die Brüder Montgolfier mit ihrem Feuer dem Sack Leben ein, das ihn in die Lüfte erhob und auf eine Reise in den Himmel schickte. Dieser Junitag markierte den ersten ernsthaften Schritt zur Eroberung des Luftraums. Doch was so magisch und geheimnisvoll erschien, war nur die erste Demonstration des Prinzips, daß alles fliegt, was leichter als die Luft ist.

Die Erde ist von einer dichten Gasatmosphäre umhüllt, die um so dünner wird, je weiter man sich von der Erdoberfläche entfernt. Als die Brüder ihren Ballon mit heißer Luft füllten, taten sie nichts anderes, als ein Gas einzufüllen, das weniger dicht war als die es umgebende Atmosphäre. Weil sich zudem die Luft im Ballon durch die Hitze des Strohfeuers ausdehnte, wurde von ihr weniger benötigt, um den Ballon zu füllen. Wie eine Luftblase im Wasser hochsteigt, so erhob sich der Heißluftballon gen Himmel, bis er eine Höhe erreichte, in der die Dichte der Atmosphäre der der Luft in seinem Inneren entsprach – in diesem Fall ungefähr eine Höhe von 1000 Metern.

Für jene Menschen, die auf Jahrmärkten in ganz Frankreich zusammenströmten, um den Brüdern Montgolfier bei der Demonstration ihrer neuen Erfindung zuzusehen, bedeutete die Wissenschaft vom Fliegen wenig. Was sie wirklich begeisterte, waren die unglaublichen Möglichkeiten, die diese Erfindung für die Menschen eröffnete. Dafür interessierten sich auch zwei reiche, junge Männer, die einen Monat später einer Vorführung in Paris beiwohnten.

Der Marquis d'Arlandes, ein französischer Adliger mit viel Zeit, hatte beobachtet, wie die Brüder Montgolfier mit ihrem Heißluftballon drei

PILÂTRE DE ROZIER, DER GEMEINSAM MIT DEM MARQUIS D'ARLANDES DIE IDEE DER BRÜDER MONTGOLFIER WEITERVERFOLGTE. SIE WURDEN DIE ERSTEN BALLONFAHRER.

Bauernhoftiere in den Himmel geschickt hatten. Ein Blickwechsel mit seinem guten Freund, Pilâtre de Rozier, genügte: beide Männer wußten, was der jeweils andere dachte. Mit außerordentlichem Eifer setzten sie alles daran, die ersten Menschen zu sein, die sich mit der neuen Erfindung in die Lüfte erheben sollten.

Und so kam es, daß sie am 21. November 1783 den frostigen harten Boden unter sich ließen und in den Himmel schwebten. Der Wind erfaßte sie und ließ sie eine etwa 9 Kilometer lange Reise über die wunderschöne Stadt Paris machen. Daß die Vorstellung von „fliegenden Menschen" jedoch den Horizont der meisten Leute überstieg, zeigte sich, als der Ballon ungewollt auf einem Feld am Stadtrand niederging. Der Anblick der beiden Männer brachte eine Gruppe von Landarbeitern dazu, vor Angst und Verwunderung auf die Knie zu fallen und Gott zu danken, daß er ihnen zwei so gutgekleidete Schutzengel gesandt hätte.

Das Jahr 1783 war für die Geschichte des Fliegens äußerst bedeutsam. Nur kurz nachdem die Brüder Montgolfier das Prinzip des Fliegens demonstriert und d'Arlandes und de Rozier ihre Reise in einem Heißluftballon unternommen hatten, wollte der berühmte Physiker Jacques Alexandre Charles seine Idee testen, daß diese Art des Fliegens auch mit anderen Gasen durchgeführt werden konnte.

Im Prinzip hat jeder Ballon, der mit einem Gas gefüllt ist, das eine geringere Dichte als die Luft aufweist, gute Chancen, vom Boden abzuheben. Charles meinte, daß es einfacher sei, ein Gas zu verwenden, das auch bei normalen Temperaturen eine geringere Dichte als die Luft besitzt, anstatt den Ballon erst mühevoll mit künstlich erwärmter Luft zu füllen.

Forschung und Wissenschaft haben es heutzutage sehr viel leichter als damals, da Theorien und Entdeckungen ohne komplizierte oder gefährliche Experimente von Computern auf ihre Durchführbarkeit hin getestet werden können. Damals jedoch mußte jede Theorie durch eine Vielzahl von Versuchen überprüft werden. Und so befestigte Charles schlicht einen großen Korb an einem noch größeren

LINKS: EINE *MONTGOLFIÈRE,* EINER DER HEISSLUFTBALLONS, DIE DIE BRÜDER MONTGOLFIER ERFUNDEN HATTEN UND DIE MENSCHEN ZUM STAUNEN BRACHTEN

DER ERSTE WASSERSTOFF-BALLON, ERFUNDEN VON JACQUES ALEXANDRE CHARLES, ERHOB SICH 1783 IN DEN HIMMEL ÜBER PARIS.

Ballon, den er mit Wasserstoff füllte – dem leichtesten aller Gase. Dann half er seinem guten Freund und Kollegen Nicolas Robert an Bord und kappte das Seil, das Ballon und Korb am Boden hielt.

Die Geschichte hat nicht aufgezeichnet, welche Worte in diesem Augenblick gesprochen wurden. Charles' Theorie funktionierte nicht nur in der Praxis, sie erwies sich sogar als weitaus besser als erwartet. Bevor die beiden Männer verstehen konnten, was geschah, schoß ihr Gefährt über einen Kilometer hoch in die Luft. An diesem Dezembertag wurde die Ballon-Fliegerei unter den Augen einer jubelnden Menge geboren.

Wir können uns über den Mut eines Mannes wie Jacques Alexandre Charles nur wundern. Er verfolgte nicht nur seine Flugstudien weiter, nachdem er den Schock seines Erstversuchs überwunden hatte, sondern er blieb bis ins hohe Alter hinein ein begeisterter Ballonfahrer.

Leider geriet die Entwicklung des Ballonflugs ins Stocken. Obwohl der Luftraum über Europa bald voll war von tapferen jungen Männern und Frauen, die das Gefühl des Fliegens kennenlernen wollten, konnte kein Weg gefunden werden, diese frühen Ballons zu steuern. Einmal in der Luft, waren das Gefährt und seine Insassen den Launen des Windes ausgeliefert, getragen, wohin auch immer Wind und Wetter es wollten. Dies mochte für zivile Luftfahrer eine Unannehmlichkeit sein, stellte militärische Ballonflieger aber vor ernste Probleme.

DER BALLON *INTREPID* WIRD VOR DER SCHLACHT VON FAIR OAKS WÄHREND DES AMERIKANISCHEN BÜRGERKRIEGES AUFGEPUMPT. SOLCHE BALLONS DIENTEN AUFKLÄRUNGSZWECKEN.

Bereits 1794 besaß die französische Armee ein eigenes Ballonfahrercorps, das den romantischen Namen *Aérostiers* trug. Es sollte als Aufklärungstruppe dienen, indem es seine erhöhte Position für einen Überblick über das Schlachtfeld aus der Vogelperspektive nutzte. Leider waren ihre Aktivitäten stark eingeschränkt durch die Tatsache, daß sie am Boden vertäut sein mußten, um sie zur Berichterstattung zurückholen zu können und um zu verhindern, daß sie vom Kriegsschauplatz abdriften oder, noch schlimmer, gar in Feindeshand fallen könnten. Bevor eine Möglichkeit zur Steuerung gefunden wurde, blieb die Bodenverankerung für militärische

Ballons viele Jahre lang unumgänglich. Nichtsdestotrotz erfüllte die Ballon-Aufklärung ein Jahrhundert lang wichtige Aufgaben für unzählige Armeen, einschließlich beider Seiten im amerikanischen Bürgerkrieg. Zu dieser Zeit war der Wettlauf um das erste kontrollierbare, ungebundene Luftgefährt bereits voll im Gange. Jede Militärmacht investierte Unsummen an Geld in diese Forschung, wohl wissend, welche Vorteile ein steuerbarer Ballon im Kampf mit sich bringen würde.

Noch bevor der schreckliche Bürgerkrieg in Amerika ausbrach, testete ein Franzose namens Henri Giffard etwas, was er *dirigible* nannte (vom französischen *diriger,* das *steuern* bedeutet). Giffards *dirigible* war ein wasserstoffgefüllter Ballon, der zigarrenähnlicher geformt war als der bis dahin übliche „Luftsack". Was jedoch diesen Ballon von bisherigen Entwürfen unterschied, war, daß er mit einer Dampfmaschine und einem Propeller ausgestattet war. Indem er die Schiffsform kopierte, hoffte Giffard, sein „Luftschiff" durch den Himmel lenken zu können, wie man ein Schiff durch das Wasser steuert. Sein *dirigible* hatte für damalige Begriffe enorme Ausmaße. Da die Dampfmaschine, die Giffard zum Betreiben seines Gefährtes benutzte, über 175 Kilogramm wog, mußte er riesige Mengen an Wasserstoff einsetzen, um sie in die Luft zu bringen. Der zigarrenförmige Ballon, der das Gas enthielt, war etwa 44 Meter lang.

1852 erhob sich Giffard in einer ersten öffentlichen Demonstration seines steuerbaren Ballons über Paris. Er legte eine beachtliche Reise

DER ERSTE STEUERBARE BALLON, ERFUNDEN VON HENRI GIFFARD, WAR MIT EINEM PROPELLER UND EINER DAMPFMASCHINE AUSGERÜSTET, WODURCH DER INSASSE DIE RICHTUNG BESTIMMEN KONNTE.

METEORSCHAUER, DIE VON GIFFARD
UND FONVIELLE AUF IHREM FLUG
IN DEM BALLON *L'HIRONDELLE*
BEOBACHTET WURDEN.

ALBERTO SANTOS-DUMONT UM-
RUNDET 1901 DEN EIFFELTURM IN
SEINEM LUFTSCHIFF *MODEL 6*. DIES
BRACHTE IHM DEN PREIS FÜR DEN
ERSTEN FLUG VON ST. CLOUD ZUM
EIFFELTURM UND ZURÜCK IN
WENIGER ALS 10 MINUTEN EIN.

von mehr als 30 Kilometern über der Stadt zurück, nachdem er sich mit zehn Stundenkilometern, der Höchstgeschwindigkeit seines Gefährts, von der staunenden Menge entfernte.

Mit der Feststellung, daß zehn Stundenkilometer nicht überwältigend sind, soll Giffard sein Verdienst nicht abgesprochen werden. Sein Entwurf war in allen Teilen stimmig, doch war er an die technischen Möglichkeiten der Zeit gebunden. Obwohl die Dampfmaschine bereits kurz vor ihrer Entwicklung zur Lokomotive stand und unter allen Maschinen die mit dem höchsten Kraftmoment war, war ihr Gewicht für einen Flug zu schwer. Ein Ballon hätte lediglich eine Geschwindigkeit von zehn Stundenkilometern erreicht, was zu wenig ist, um einen Ballon durch Winde von elf oder mehr Stundenkilometern zu steuern. Es sollte noch etwas dauern, bis jemand eine leichtere Maschine erfinden würde.

Die Wartezeit schien vorüber, als ein deutscher Ingenieur namens Paul Haenlein 1872 Giffards Entwurf übernahm und den leichteren, erst kurz zuvor erfundenen Verbrennungsmotor einbaute. Zudem hatte er die Idee, daß man den Motor mit dem Wasserstoff aus dem Ballon betreiben kann, was das Gesamtgewicht des Gefährts stark verringerte. Obwohl diese Idee genial war, beschränkte sie die Reichweite des Luftschiffes jedoch sehr, weil es durch den ständigen Verbrauch des Gases dazu tendierte, Auftrieb zu verlieren.

Die Zusammenführung von Elektrizität und Magnetismus, die bereits früher in diesem Jahrhundert stattgefunden hatte, führte 1883 zum Einbau eines Elektromotors in das Luftschiff durch die französischen Brüder Albert und Gaston Tissandier. Danach verwendete der in

Paris lebende Brasilianer Alberto Santos-Dumont einen benzingetriebenen Verbrennungsmotor, um in seinem eigenen Entwurf einige Runden über der französischen Hauptstadt zu drehen.

So außergewöhnlich diese individuellen Leistungen auch sein mögen, sie verblassen neben dem Werk des größten Luftschiff-Konstrukteurs – Ferdinand Graf von Zeppelin.

Nachdem er seine Karriere als Offizier der preußischen Kavallerie begonnen hatte, kämpfte er als Freiwilliger in der Armee der Nordstaaten im Amerikanischen Bürgerkrieg. Dort erlebte er zweifellos etliche Abenteuer, aber das Schlüsselerlebnis war seine erste Begegnung mit einem Ballon, der zum Ausspionieren der konföderierten Stellungen benutzt wurde. Zeppelin war fasziniert und von der Idee des Fliegens so besessen, daß er den Rest seines Lebens der Verbesserung jener Konstruktion widmete, die er zuerst auf einem fremden Schlachtfeld gesehen hatte. Sofort nach seiner Rückkehr nach Deutschland begann er mit dem Bau des größten und lenkbarsten Luftschiffes, das mit der damals verfügbaren Technologie bewältigt werden konnte.

Zeppelin erkannte schnell, daß sein Luftschiff stabiler sein mußte als jene, die bereits existierten, wenn er damit Geschwindigkeiten erzielen wollte, wie er sie im Sinne hatte. Seine erste, und wie viele meinen auch die größte, Verbesserung bestand darin, der länglichen Luftschiff-Form, die er von Henri Giffard übernommen hatte, einen leichten, aber stabilen Rahmen zu geben. Das bedeutete, daß er das Gefährt leichter kontrollieren konnte und daß es sich unter Belastung weniger leicht verziehen würde. Es würde ihm auch erlauben, viel größere als die bisherigen Modelle zu erbauen. Zeppelins Entwurf erschien auf dem Papier plausibel, aber es war die Frage, ob er sich auch praktisch bewährte.

Zu Beginn des 20. Jahrhunderts brachte Zeppelin den Prototyp seines Luftschiffes für den Jungfernflug zum Bodensee. *Luftschiff Zeppelin - Eins*, oder *LZ1*, stieg am 2. Juli 1900 in den Himmel. Leider

FERDINAND GRAF VON ZEPPELIN, WOHL DER BEKANNTESTE ALLER LUFTSCHIFFKONSTRUKTEURE

Graf von Zeppelin setzte mit seiner neuesten Konstruktion, der LZ4, zum Jungfernflug an.

war ihm kein langer Aufenthalt in der Luft beschieden, als das Unglück hereinbrach und das Luftschiff sich langsam der Wasseroberfläche näherte. Zeppelins Enttäuschung war um so größer, als die *LZ1* dabei mit einer Boje kollidierte und in Stücke gerissen wurde.

Unbeirrt kehrte Zeppelin an sein Zeichenbrett zurück, wo er die nächsten vier Jahre bis zum Start seiner *LZ2* verbrachte. Er war kein Mann, der sich leicht geschlagen gab, und da er überzeugt war, daß sein Entwurf flugtauglich war, fuhr er fort, die Konstruktion seines Luftschiffes ständig zu verbessern. Am 4. Juli 1908, dem amerikanischen Unabhängigkeitstag, setzte Ferdinand Graf von Zeppelin zum Jungfernflug mit seiner jüngsten Schöpfung, der *LZ4*, an, ein Luftschiff, wie es die Welt noch nie zuvor gesehen hatte.

Zu dieser Zeit konnte sich nichts mit ihrer Größe messen. Die *LZ4* benötigte an die 15.000 Kubikmeter Wasserstoff für ihren Ballon, der bemerkenswerte 136 Meter lang war. Ihr Jungfernflug führte sie in zwölf Stunden über die Schweiz, bei kontinuierlichen 60 Kilometern pro Stunde. Das Zeitalter der Luftschiffe hatte erfolgversprechend begonnen.

Zwischen 1910 und dem Ausbruch des 1. Weltkrieges 1914 unternahmen über 34.000 Menschen ihren ersten Flug in einem von Zeppelins Luftschiffen. In dieser Zeit nahm die Zahl der Luftschiffe rasant zu. Diese rege Konstruktionstätigkeit nimmt sich jedoch gering aus im Vergleich zu der Zahl an Luftschiffen, die während des Krieges erbaut wurden.

Zwischen 1914 und 1918 wurden allein in Deutschland 88 militärische Luftschiffe konstruiert. Bis heute werden nahezu alle Luftschiffe als *Zeppelin* bezeichnet, unabhängig von ihrem wahren Ursprung, was als Zeichen für den großen Beitrag des Grafen Ferdinand von Zeppelin zur Luftschiffahrt gewertet werden kann. Obwohl Zeppelins Motivation wahrscheinlich auch in seiner Sehnsucht lag, Deutschland zur größten Militärmacht der Welt zu machen, brachte erst die Nachkriegszeit die Blüte der Luftschiffahrt. Als der Krieg in Europa zu Ende war, begannen die Menschen, ihr Leben wieder einzurichten, ebenso wie die Staaten die Wirtschaft wieder aufzubauen versuchten. Und auch in der neuen Welt der Luftfahrt fand eine besonders dynamische Entwicklung statt.

ZEPPELINS LZ4, EIN EINDRUCKS- VOLLER, 136 METER LANGER BALLON, BEREIT ZUM JUNGFERNFLUG, 1908

Kapitel 2

Das goldene Zeitalter

EINES DER ERSTEN FLUGZEUGE DER
GEBRÜDER WRIGHT BEIM FLUG
ÜBER KITTY HAWK, USA

Es ist eine der traurigsten Wahrheiten der Geschichte der Technik, daß sich der Krieg meistens als wirksamster Motor des Fortschritts herausstellt.

Jeder weiß, daß die Gebrüder Wright das erste taugliche Flugzeug, den *Wright Flyer,* erbauten. Wenigen scheint jedoch bekannt zu sein, daß es sich auf seinem ersten Flug am 17. 12. 1903 nur zwölf Sekunden in der Luft hielt und dabei eine Strecke von rund 53 Metern zurücklegte. Eine ernstzunehmende Entwicklung des Flugzeugs setzte erst ein, als die Gebrüder Wright mit ihrer Erfindung beim amerikanischen Militär vorsprachen. Die Armee erklärte sich bereit, ihre

WILBUR WRIGHT, 1908, AN DER STEUERUNG SEINES FLUGZEUGES

Arbeit zu finanzieren, bis sie ein Aufklärungsflugzeug konstruieren konnten, das einen Piloten und einen Beobachter 200 Kilometer weit tragen könnte, bei einer Mindestgeschwindigkeit von 60 Kilometern pro Stunde. Daß die Brüder kaum ein Jahr später ein solches Fluggerät vorzeigen konnten, sagt viel über den Einfluß des Militärs auf die Entwicklung der Flugmaschinen aus.

Zu der Zeit, als die Gebrüder Wright ihre Erfindung demonstrierten, galten Luftschiffe als die besten Waffen der Kriegsführung in der Luft, da sie von der Technik her am fortschrittlichsten war. Und es sollte auf Grund der gespannten Situation in Europa nicht mehr lange dauern, bis es zum Ausbruch eines Krieges kommen sollte. Zu Beginn des Ersten Weltkriegs besaß Deutschland 10 Zeppeline, fügte dieser Zahl jedoch während des Krieges 78 weitere hinzu. Sie wurden hauptsächlich zur Aufklärung und zum Bombardement ausgewählter europäischer Städte verwendet, wobei London die erste Stadt war, die angegriffen wurde. Interessanterweise war es jedoch erst die Nachkriegszeit, die die größten Entwicklungsschritte für die Luftschifftechnologie brachte.

Vielleicht lag es an der Schönheit der Luftschiffe oder an der majestätischen Art, in der sie ihren Weg über das Firmament zogen, welche die Ingenieure, die an diesen Galeonen des Himmels arbeiteten, zu

DIE UNTERZEICHNUNG DES VERTRAGES VON VERSAILLES IM SPIEGELSAAL DES SCHLOSSES 1919; ER VERPFLICHTETE DEUTSCHLAND ZUR ÜBERGABE SEINER LUFTSCHIFFE AN DIE ALLIIERTEN.

Höchstleistungen anspornten. Einige der klügsten Köpfe entwickelten immer größere und bessere Luftschiffe. Diese Männer schienen nicht von der Absicht getrieben, immer effektivere Tötungsmaschinen herzustellen, sondern davon, die Grenzen der menschlichen Erfindungsgabe auszuloten. Es war eine Zeit der Rekorde und des Wetteiferns, erstaunlicher Errungenschaften und bemerkenswerter Fortschritte. Das frühe 20. Jahrhundert war das goldene Zeitalter der Luftschiffahrt.

Der Vertrag von Versailles, der von den Alliierten und Deutschland am Ende des Ersten Weltkriegs unterzeichnet worden war, verpflichtete Deutschland zu Reparationszahlungen. Jedes Siegerland sollte unter anderem einen Anteil des deutschen Luftschiffbestandes erhalten oder seinen Gegenwert in bar. Die Vorstellung, sich zu ergeben, war für viele Deutsche schon eine Zumutung gewesen. Jetzt auch noch auf diese Weise erniedrigt zu werden, war für einige zuviel. Bevor Amerika seinen Anteil von sieben Luftschiffen erhielt, wurden diese von deutschen Luftlandetruppen zerstört. Gerade als man glaubte, daß die Dinge für die deutsche Luftschiffindustrie nicht mehr schlimmer werden konnten, entzogen die Alliierten Deutschland die Erlaubnis, weitere militärische Luftschiffe zu bauen und limitierten die Größe ziviler Luftschiffe auf lächerliche Ausmaße. Im Jahre 1920 geriet das Zeppelinsche Unternehmen auf einen wirtschaftlichen Tiefpunkt, der nicht mehr zu unterbieten war.

Nach dem Tod von Ferdinand Graf von Zeppelin 1917 wurde das Unternehmen durch interne Streitigkeiten zwischen rivalisierenden Parteien gelähmt. Dieser Konflikt wurde erst 1924 beigelegt. In der Zwischenzeit unternahmen sowohl die Amerikaner als auch die Briten Anstrengungen, eigene Luftschiffe zu bauen. Diese waren jedoch nur Imitationen jener Konstruktionen, die Deutschland während des Krieges erbaut hatte. Lediglich das britische Luftschiff *R34* reichte an die Konstruktion Zeppelins heran.

Die Möglichkeit, den Atlantik mit einem Luftschiff zu überqueren, wurde von vielen in Erwägung gezogen. Zu Kriegsende schien Entfernung kein Thema mehr zu sein. Bereits im November 1917 war die deutsche *L59* zur Unterstützung der belagerten deutschen Truppen nach Ostafrika geflogen. Sie war im letzten Moment umgekehrt, nachdem sie einen von den Briten gefälschten Funkspruch empfangen hatte, daß sich die Deutsche Armee ergeben hätte und daß es sinnlos und gefährlich wäre, zu versuchen, ihre Mission fortzusetzen. Als die *L59* zu ihrem Stützpunkt zurückkehrte, hatte sie ohne Unterbrechung innerhalb von 95 Stunden 6.700 Kilometer zurückgelegt und noch genügend Treibstoff für weitere 64 Flugstunden an Bord. Im Vergleich dazu sollte der Flug der *R34* über den Atlantik ein sanftes Lüftchen sein. Zum Schaden aller Betroffenen wurde aus der Brise jedoch ein Sturm.

Ein Mißgeschick kurz nach dem Start in Schottland führte dazu, daß die *R34* Wasserstoff verlor. Das bedeutete, daß sie während des gesamten Fluges überbeladen war. Zur Kompensation ordnete der befehlshabende Offizier an, den Auftrieb mittels der Höhenruder zu steigern. Dieser Trick funktionierte, hatte jedoch dramatische Auswirkungen auf den Treibstoffverbrauch. Dazu kam, daß einige Kursänderungen notwendig wurden, um Wirbelstürmen auszuweichen. Die *R34* erreichte Long Island schließlich doch, nachdem sie über 108 Stunden in der Luft verbracht hatte – ein neuer Rekord, aber mit nur noch genügend Treibstoff für zwei weitere Flugstunden. Auf der Heimreise, die zum Teil mit nur drei der vier Propeller bewältigt werden mußte, profitierte die *R34* von einem starken Rückenwind und erreichte England nach nur etwas mehr als 75 Flugstunden.

Die Amerikaner, die Probleme mit der Konstruktion eigener Luftschiffe hatten, waren von der Atlantiküberquerung der *R34* so beeindruckt, daß sie die Briten beauftragten, ein Luftschiff für die US-Marine zu bauen. Es basierte auf einem deutschen Entwurf für ein leichtgewichtiges Luftschiff, das eher für hohe Flüge als für Schnelligkeit oder Manövrierfähigkeit konzipiert war. Diese neue Konstruktion, die *R38*, startete 1921 als größtes bisher gebautes Luftschiff, mit etwa 210 Metern Länge und knapp 85.000 Kubikmetern Wasserstoff. Auf ihrem vierten Testflug, bei dem sich amerikanische Beobachter an Bord befanden, wurde die *R38* einigen gewagten Manövern unterzogen, die die Leichtgewichtsstruktur des Luftschiffes bersten ließen.

Das Vorderteil der *R38* explodierte und stürzte in den darunterliegenden Fluß, wobei alle Passagiere in diesem Abschnitt ums Leben kamen. Der hintere Teil krachte in eine Sandbank und begrub alle bis

> *Als die L59 zum Stützpunkt zurückkehrte, hatte sie ohne Unterbrechung 6.700 Kilometer zurückgelegt.*

DAS WRACK DER *R38* WIRD NACH DEM FATALEN TESTFLUG DES LUFTSCHIFFES IM JAHR 1921 AUS DEM FLUSS GEZOGEN.

auf vier Besatzungsmitglieder unter sich. Damit war die britische Beteiligung an der Luftschiffproduktion für die nächsten zehn Jahre unterbunden. Das Unglück raubte allen den Mut, doch just in dem Augenblick, als die Tage der Luftschiffe gezählt schienen, trat Hugo Eckener von der wirtschaftlich schwer angeschlagenen Zeppelin-Gesellschaft mit einem Rettungsplan auf.

Im Bewußtsein, daß Amerika aus dem Vertrag von Versailles nach wie vor Anspruch auf ein Luftschiff hatte und daß es wegen der Zerstörung der sieben Luftschiffe nach dem Krieg unwahrscheinlich war, daß es eines erhalten würde, unterbreitete er der amerikanischen Militärkommission in Berlin ein Angebot. Er würde dafür sorgen, daß die Zeppelin-Gesellschaft, nun in zivilen Händen, aber einst führend auf dem Gebiet der militärischen Luftschiffahrt, für sie das größte und beste Luftschiff aller Zeiten bauen würde. Gegen den Willen der anderen Alliierten nahmen die Amerikaner das Angebot sofort an. Die Unterzeichnung des Vertrages zwischen der Zeppelin-Gesellschaft und der amerikanischen Marine zum Bau der *LZ126*, auszuliefern 1923, war der erste Schritt in Richtung Wiederaufbau des Unternehmens.

DIE KONSTRUKTION DER *LZ126* BEDEUTETE DEN WIEDERAUFSTIEG DER ZEPPELIN-GESELLSCHAFT NACH DEM ERSTEN WELTKRIEG.

In der Zwischenzeit waren auch die Italiener mit dem Aufbau einer eigenen Luftschiffindustrie beschäftigt. 1925 bat der norwegische Polarforscher Roald Amundsen den führenden italienischen Luftschiffkonstrukteur Umberto Nobile, eines seiner Luftschiffe auf einer Expedition von Spitzbergen über den Nordpol nach Alaska zu steuern. Denn bis zu dieser Zeit hatte sich die Polarregion sämtlichen Versuchen zur Erforschung widersetzt. Der Italiener stimmte bereitwillig zu. So begannen Amundsen, Nobile und ihre Mannschaft ihre Reise am 11. Mai 1926.

Den Nordpol erreichten sie ohne Schwierigkeiten, doch die Weiterreise nach Alaska stellte sich als gefährlich heraus. Gefrierender Nebel und Eis in Kombination mit der Erschöpfung eines Teiles der Crew veranlaßten Nobile, sein Luftschiff in einer kleinen Bucht an der Küste Alaskas zu landen. Obwohl sie ihr eigentliches Ziel nicht erreicht hatten, konnten Amundsen, Nobile und ihre Mannschaft zufrieden sein, da der Flug in sämtlichen anderen Aspekten erfolgreich gewesen war.

In Deutschland hatten Hugo Eckener und die Zeppelin-Gesellschaft das vereinbarte Luftschiff an die amerikanische Marine geliefert und dank der Lockerung der Bestimmungen aus dem Vertrag von Versailles die Luftschiffproduktion wieder aufgenommen. Die 6.700 Kilometer lange Afrikareise der L59 von 1917 brachte Eckener zu der Überzeugung, daß reguläre Transatlantikflüge im Bereich des Möglichen lagen. Nun suchte er Sponsoren für den Bau eines solchen Luftschiffes, das die Seriennummer LZ127 tragen sollte.

Noch bevor er das ganze Geld beisammen hatte, begann Eckener mit der Konstruktion des neuen Luftschiffes auf dem Zeppelinschen Werksgelände in Friedrichshafen. Am 18. September 1928 begann für die LZ127, die heute zu Ehren des Firmengründers unter dem Namen *Graf Zeppelin* berühmt ist, eine Serie von Testflügen, die ohne Zwischenfälle verliefen. Also wurde das Luftschiff, das alle Hoffnungen der Zeppelin-Gesellschaft für die Zukunft trug, auf seinen Jungfernflug nach New York geschickt. Hugo Eckener selbst steuerte es.

Mit über 236 Metern Länge und 105.000 Kubikmetern Wasserstoffvolumen war die *Graf Zeppelin* das größte bis dahin erbaute Luftschiff und berührte nur knapp nicht die Wände der Halle, in der es konstruiert worden war. Es konnte 20 Passagiere an Bord nehmen und war sogar mit einem Speisezimmer und einer Küche ausgestattet. Zu Beginn des Fluges verlief alles ruhig, doch am Morgen des zweiten Tages kam, in großer Entfernung von der Küste, ein Sturm auf.

DER NORWEGISCHE FORSCHER ROALD AMUNDSEN IM KONTROLL-RAUM DES LUFTSCHIFFES *NORGE,* IN DEM ER UND UMBERTO NOBILE DEN NORDPOL ÜBERFLOGEN.

UMBERTO NOBILE, ITALIENISCHER INGENIEUR UND FÜHRENDER KONSTRUKTEUR DER 20ER JAHRE

HUGO ECKENER, IM BILD DURCH EIN KREUZ MARKIERT, UND SEINE MANNSCHAFT WIRKEN WINZIG NEBEN DEN ENORMEN AUSMASSEN DER *GRAF ZEPPELIN*.

MIT EINER LÄNGE VON FAST 236 METERN WAR DIE *GRAF ZEPPELIN* EIN EINDRUCKSVOLLER ANBLICK.

Das Luftschiff, plötzlich winzig im Vergleich zu dem Unwetter und dem Ozean darunter, wurde herumgewirbelt wie ein Blatt im Wind. Der Sturm riß ein großes Loch in die Bespannung einer Heckflosse. Nachdem die Wetterbedingungen schlechter wurden und das Schiff an Höhe verlor, war Eckener gezwungen, die US-Marine um Hilfe anzufunken. Trotz der offensichtlichen Gefahren versuchten einige Besatzungsmitglieder in dem freiliegenden Teil des Luftschiffes, die Schäden zu reparieren. Dies war eine schreckliche Aufgabe, weil die Männer wußten, daß jeder von ihnen jeden Augenblick davongeweht werden konnte, was den sicheren Tod bedeutete. Doch die außergewöhnliche Mannschaft bewältigte die wichtigsten Reparaturarbeiten, und die *Graf Zeppelin* konnte ihre Reise fortsetzen.

Noch bevor das Rettungsschiff von der *Graf Zeppelin* zurückgerufen werden konnte, erreichte die Nachricht von dem in Schwierigkeiten befindlichen Luftschiff die amerikanische Presse. Nachdem bis zur Rückkehr des Rettungsschiffes nichts Weiteres bekannt wurde, nahmen viele Amerikaner an, die *Graf Zeppelin* wäre auf See verschollen. Die Meldung, daß sie die schwere Prüfung überstanden hatte, löste großen Jubel aus und lockte eine große Menschenmenge zum Empfang nach New York. Nach fast 112 Flugstunden und über 9.600 Kilometern brachte der Anblick des großartigen Luftschiffes am hellichten Nachmittag Arme und Reiche gleichermaßen zu einer Parade auf die Straße. Die Zeppelin-Gesellschaft schien wieder im Geschäft zu sein.

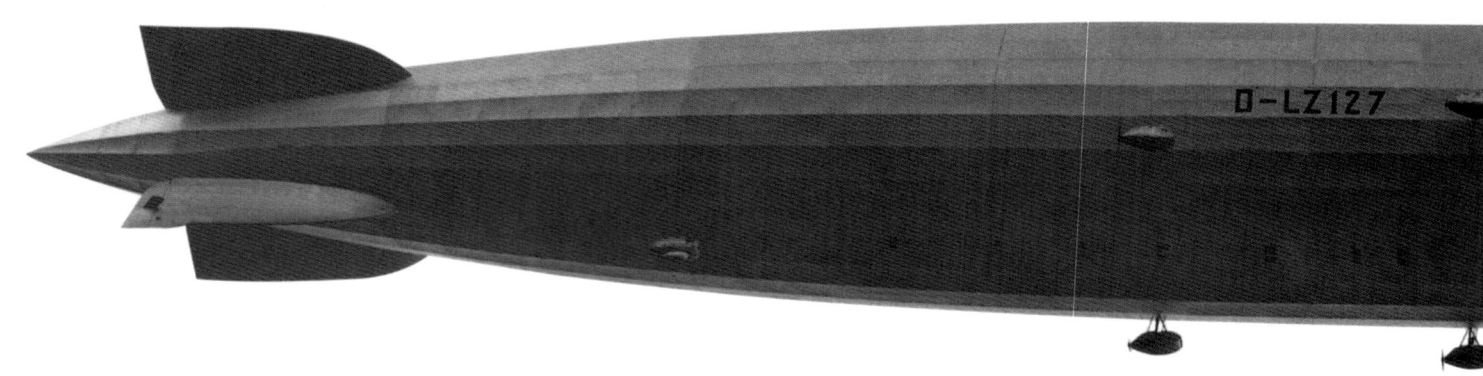

DAS SPEISEZIMMER DES
LUFTSCHIFFES ÄHNELTE EINEM
ERSTE-KLASSE-RESTAURANT.

Trotz der erfolgreichen Atlantiküberquerung hatte Eckener nach wie vor Schwierigkeiten, Finanziers für seine Luftschiffe zu finden. Die deutsche Regierung sträubte sich, öffentliche Gelder in seine Projekte zu investieren. Also mußte er sich anderweitig umsehen und entschied sich für ein gewagtes Spiel. Eckener schlug als Projekt für sein großartiges Luftschiff eine Weltumrundung vor. In genialer Weise trieb er das meiste Geld auf, indem er Exklusivrechte an der Geschichte an verschiedene Zeitungen verkaufte. William Randolph Hearst brachte von den schätzungsweise benötigten 250.000 Dollar allein 100.000 Dollar auf und erhielt dafür im Gegenzug die weltweiten Rechte an der Berichterstattung in englischer Sprache.

ARBEITEN AM RAHMEN DES
LUFTSCHIFFES IN DEN ZEPPELIN-
WERKSHALLEN IN FRIEDRICHSHAFEN

WILLIAM RANDOLPH HEARST,
EINER DER FINANZIERS DER
WELTUMRUNDUNG DURCH
DIE *GRAF ZEPPELIN*, 1929

Die Graf Zeppelin legte die 8.000 Kilometer über den Pazifik in weniger als drei Tagen zurück.

Am 15. August 1929 startete die *Graf Zeppelin* von ihrem Stützpunkt in Friedrichshafen und begann ihren historischen Flug rund um die Welt. Vorher war sie von Lakehurst aus abgeflogen, da William Randolph Hearst darauf bestanden hatte, daß der Flug in Amerika beginnen sollte. Am 19. August erreichte das Luftschiff Tokio, wo es von einer riesigen Menschenmenge begrüßt wurde. Nach dem Auftanken hob es wieder ab und legte die 8.000 Kilometer über den Pazifik mit einem Taifun im Rücken in weniger als drei Tagen zurück. Von San Franzisco flog es nach Los Angeles weiter, stoppte kurz in New York und kehrte dann nach Friedrichshafen zurück.

Die mächtige *Graf Zeppelin*, von Hugo Eckener gesteuert, hatte ihre Weltumrundung in exakt 21 Tagen, 5 Stunden und 54 Minuten bewältigt. Sie machte Geschichte, die Zeppelin-Gesellschaft errang wieder ihre Position als weltführender Erbauer von Luftschiffen, und jegliche Zweifel an der zukünftigen Rolle der Luftschiffe beim Reisen schienen ein für allemal beseitigt zu sein. Die Ballonfliegerei hatte einen langen Weg zurückgelegt, seit die Brüder Montgolfier Ende des 18. Jahrhunderts ihren ersten Ballon zum Himmel steigen ließen. Doch die menschlichen Verluste für diese Errungenschaften waren hoch, und der Preis stieg weiter, als das neue Jahrzehnt begann.

DIE *GRAF ZEPPELIN*, VERANKERT IN LAKEHURST, NEW JERSEY, VOR IHRER REISE UM DIE WELT

Kapitel 3

Ikarus fällt

„DER FALL DES IKARUS", JACOB GRIMMER ZUGESCHRIEBEN; FÜR SKEPTIKER STELLT IKARUS DAS SYMBOL DER SINNLOSIGKEIT MENSCHLICHER FLUGVERSUCHE DAR.

Wo es Ruhm gibt, dort ist immer auch Schmerz. Bei allen menschlichen Bestrebungen müssen Risiken abgewägt werden. Normalerweise sind diese um so größer, je ambitionierter ein Vorhaben ist.

Vieles von unserem Wissen haben wir mit dem Verlust von Menschenleben bezahlt, als ob die Natur mit uns spielen würde, indem sie uns einen Blick auf ihre unendlichen Möglichkeiten erhaschen ließe und dann den Weg zu diesen Schätzen versperren würde. Einige mögen entgegenhalten, daß der Mensch nicht für die Lüfte geschaffen sei: „Wenn Gott gewollt hätte, daß wir fliegen, hätte er uns Flügel gegeben." Doch ein Satz wie dieser verleugnet den menschlichen Geist.

Es stimmt, daß der Mensch nicht für das Fliegen gemacht ist. Unsere Körper sind zerbrechlich, sie halten einem Aufprall nicht stand. Wir können weder gleiten noch hochschnellen. Wir können in dünner Höhenluft nicht atmen und sterben rasch in den frostigen Temperaturen, die nur wenige hundert Meter über der Erdoberfläche herrschen. Trotzdem ist es uns vermittels unseres Denkens und durch den Einsatz der Technik gelungen, die Schwerkraft zu überwinden. Die Erreichung dieses Zieles, zu Recht als größte Errungenschaft der Menschheit bezeichnet, kostete Tausenden von Menschen das Leben, insbesondere in der Zeit der großen Luftschiffe.

Die Geschichte der Luftschiffe ähnelt einer Tragödie, die nur auf ihre Aufführung wartete. In Wahrheit ist es verwunderlich, daß nicht mehr Menschen starben. Ein Luftschiff ist nur ein großer, dünner Sack mit einem explosiven, leicht entzündlichen Gas, der von einer funkensprühenden Maschine angetrieben wird. Eine gefährlichere Kombination ist kaum vorstellbar. Doch angesichts der Zeit und der verfügbaren Technologie war dies der einzige Weg, diese außergewöhnlichen Gefährte zu konstruieren.

DIE ERSCHLIESSUNG DER ÖL-QUELLEN IN TEXAS FÜHRTE ZUR KOMMERZIELLEN VERFÜGBARKEIT VON HELIUM, DER WEITAUS SICHEREREN ALTERNATIVE ZUM ÜBLICHERWEISE VERWENDETEN WASSERSTOFF.

Wasserstoff, das leichteste aller Gase, schien eine logische Wahl, weil ein Luftschiff damit höchst effizient vom Boden gehoben werden konnte. Er ist im Überfluß vorhanden, relativ einfach zu produzieren und billig. In den frühen 20er Jahren kosteten 30 Kubikmeter nur einige Dollar. Doch besteht der große Nachteil von Wasserstoff darin, daß er sich durch nur einen einzigen Funken sehr leicht mit Sauerstoff verbindet, was dann zu einer gefährlichen Wasserstoffexplosion führt.

Im Gegensatz dazu brennt das Edelgas Helium nicht. Aber obwohl es eines der häufigsten Elemente im Universum ist, kann es auf der Erde nur schwer

gewonnen werden. Es wurde 1895 erstmals isoliert und war nur als Nebenprodukt der texanischen Ölfelder, die zu Beginn des 20. Jahrhunderts aus dem Boden geschossen waren, erhältlich. Allerdings war Helium auf dem Weltmarkt zu dieser Zeit um ein vielfaches teurer als Wasserstoff, da eine Gewinnung äußerst kompliziert und damit auch sehr kostenaufwendig war. Zu diesen hohen Kosten kam hinzu, daß Helium weniger Auftrieb als Wasserstoff verlieh. Da die meisten Luftschiffe der frühen 20er Jahre mit mehreren tausend Kubikmetern Gas gefüllt werden mußten, hätte sich wohl nur der sicherheitsbewußteste Luftschiffbetreiber dafür entschieden, seinen Ballon mit Helium zu füllen.

Das Zeitalter der Luftschiffe war auch eine Zeit, in der die Ingenieure große Entwicklungsfortschritte machten, was die Belastungen beim Fliegen betraf. Die Aeronautik steckte in den Kinderschuhen, und so war es unvermeidlich, daß in der lebenswichtigen Frage des Verhältnisses zwischen Gewicht und Auftrieb Fehler passierten, die tödlich enden konnten.

Zu den Gefahren durch explosive Gase und fehlerhafter Ingenieurskunst kam die Unberechenbarkeit des Wetters, dem jeder Reisende ausgesetzt ist, hinzu. Auch ein sicher konstruiertes, heliumgefülltes Luftschiff konnte von einer Sturmfront auseinandergerissen werden.

In ein solches furchtbares Unwetter geriet das Luftschiff *Shenandoah*. Die *Shenandoah* verkörperte einen amerikanischen Traum. Es war das erste stabile große Luftschiff, das im Lande erbaut wurde und sollte stärker und sicherer als alle seine Vorgänger sein. Um dies zu erreichen, nahmen die Konstrukteure eine Fülle von Veränderungen vor und ließen ein Luftschiff erstmalig in der Geschichte mit Helium füllen. Dies geschah zum Teil, um die amerikanische Öffentlichkeit nach dem Absturz der von den Italienern für die US-Armee gebauten *Roma* zu beruhigen, die nach der Kollision mit Stromleitungen in Flammen aufgegangen war.

Angesichts all der Bemühungen, die die *Shenandoah* zum sichersten Luftschiff der Welt machen sollten,

DAS AMERIKANISCHE LUFTSCHIFF *SHENANDOAH* WURDE DURCH EINEN GEWALTIGEN STURM IN ZWEI STÜCKE GERISSEN, BEVOR ES ABSTÜRZTE.

war es doppelt so tragisch, daß sie ihr Ende nicht in einer Explosion, sondern in einem Sturm fand, dem kein Luftschiff widerstehen hätte können.

Am frühen Morgen des 3. September 1925 wurde das Luftschiff von einer Schlechtwetterfront überrascht. Obwohl die Maschinen mit voller Kraft liefen, konnte die *Shenandoah* dem schrecklichen Sturm nicht entkommen. Sie begann plötzlich, unkontrolliert auf eine Höhe von 900 Metern zu steigen, was knapp unter dem Maximum ihrer sicheren Flughöhe lag. Gerade als es so aussah, als ob das Schlimmste vorüber wäre, wurde das Luftschiff neuerlich, und zwar von einer noch gewaltigeren Aufwärtsströmung, erfaßt. Mit der Vorstellung der unter Druck stehenden Heliumballons, die in der immer dünner werdenden Atmosphäre jederzeit zu zerplatzen drohten, befahl der Kapitän, etwas von dem wertvollen Gas abzulassen. Als die *Shenandoah* dramatisch zu sinken begann, warf die Mannschaft Wasserballast ab, um den Absturz zu stoppen. Doch nun war das Luftschiff endgültig außer Kontrolle.

Der abgeworfene Ballast hatte den Sinkflug kurz gestoppt, doch das Schiff begann neuerlich zu steigen, diesmal mit dem Bug voran. In dieser ungeschützten Lage wurde die *Shenandoah* von der massiven Breitseite einer heftigen Sturmböe getroffen und in Stücke gerissen. Für

AM TAG NACH DEM ABSTURZ KAMEN VIELE MENSCHEN ZUM WRACK DER *SHENANDOAH*.

einen kurzen Moment stürzte der hintere Teil des Schiffes in die Tiefe, bevor er sich fing und langsam zu Boden schwebte, sehr zur Erleichterung der 22 Menschen, die in diesem Abschnitt gefangen waren. Für die Leute im vorderen Teil war das Unglück jedoch noch nicht vorüber.

Befreit vom Gewicht des Hecks, begann der Bugabschnitt neuerlich zu steigen. Die sieben an Bord befindlichen Männer kämpften um das nackte Überleben, als der Steigflug abrupt in einer Höhe von 3.000 Metern endete. Mit bemerkenswertem Mut und Geschick ließ die Mannschaft nach und nach Helium ab und konnte das Wrack schließlich kontrolliert landen. Nach einer höllischen halben Stunde war die Katastrophe vorbei. Amerika hatte sein stärkstes Luftschiff der Wettergewalt entgegengestellt und diesen Kampf verloren. Unglaublicherweise überlebten 29 der 43 Besatzungsmitglieder das Unglück.

Aber Amerika war mit seinem Kampf gegen das Wetter nicht allein. 1928, zwei Jahre nachdem der norwegische Forscher Roald Amundsen und der italienische Ingenieur Umberto Nobile als erste den Nordpol überflogen hatten, kehrte Nobile mit einem neuen Luftschiff, der *Italia*,

MIT DER VON UMBERTO NOBILE ENTWORFENEN *ITALIA* WOLLTEN WISSENSCHAFTLER DIE ARKTIS AUS DER LUFT VERMESSEN.

DIE *ITALIA* ÜBER SPITZBERGEN
VOR IHREM UNGLÜCKSFLUG
ÜBER DIE ARKTIS

und einigen Wissenschaftlern zurück. Sie wollten die fast vier Millionen Quadratkilometer große, unerforschte Eislandschaft der Arktis kartographieren und so viele wissenschaftliche Informationen wie möglich sammeln, indem sie Flüge über die frostige Wildnis unternahmen.

Der erste Flug verlief ohne Zwischenfälle, aber das Unglück ereilte sie auf ihrer zweiten Mission. Ohne Vorwarnung verlor das Luftschiff Auftrieb und stürzte auf das Eis. Nobile und neun weitere Männer wurden beim Aufprall aus der Gondel geschleudert. Unter den mit hinausgefallenen Ausrüstungsobjekten war glücklicherweise auch ein Funkgerät. Von den neun Männern starb einer sofort, ein anderer hatte ein gebrochenes Bein. Nobile selbst erlitt einen Arm- und einen Beinbruch.

Unglücklicherweise, nachdem zehn Menschen, einige Ausrüstungsgegenstände und das Funkgerät über eine Eisscholle verstreut lagen, stieg das Luftschiff, in dem sich noch sechs Personen befanden, neuerlich auf. Trotz aller Bemühungen gelang es ihnen nicht, die *Italia* unter Kontrolle zu bringen. Sie driftete in Richtung des arktischen Nebels, und weder sie noch die sechs Männer wurden je wieder gesehen.

Der überlebende Funker sendete regelmäßige Notrufe, die aber ungehört blieben, weil die Versorgungsmannschaft der *Italia* den Funk

BARNES WALLACE, KONSTRUKTEUR
DES BRITISCHEN LUFTSCHIFFES *R100*

nicht überwachte, da sie die Besatzung für tot hielt, nachdem das Luftschiff nicht zum Stützpunkt zurückgekehrt war. Die Männer waren neun Tage lang auf der Eisscholle gefangen, bis ihre Notrufe am 6. Juni 1928 endlich aufgefangen wurden. Am 20. Juni wurden per Flugzeug Vorräte abgeworfen, doch die Rettungsaktion wurde weiterhin durch Unglücksfälle und Inkompetenz behindert. Der letzte der Gestrandeten wurde erst am 12. Juli von der Eisscholle gerettet.

Zur gleichen Zeit, als die Italiener versuchten, die Arktis zu erforschen, entwickelte Großbritannien seine eigenen ambitionierten Pläne für den Luftschiffbau, um seine führende Rolle in der Weltpolitik wiederzuerlangen. Nach dem Ende des Ersten Weltkrieges verschob sich das Machtgefüge der Welt, und Großbritannien verlor an politischem Einfluß. In den 20er Jahren zeigte sich, daß sich Deutschland wieder im Aufwind befand. Zudem gewannen Länder wie Japan, die USA und die Sowjetunion an Einfluß. Die britische Generalität und die Politiker, die so viele in den Tod geführt hatten, beschlossen, daß etwas geschehen mußte, um den Verlust an Einfluß aufzuhalten. Sie planten, Großbritanniens Stellung als Weltmacht mit Hilfe der neuen Technologie wiederherzustellen. Zu diesem Zweck sollten zwei Luftschiffe gebaut werden. Das eine, die *R100*, wurde von Barnes Wallace entworfen. (Wallace war ein genialer Ingenieur, dessen Karriere unter seiner Fähigkeit litt, bestimmte Teile der britischen Regierung spüren zu lassen, daß sie seinem Intellekt nicht gewachsen wären.) Das andere Luftschiff wurde *R101* genannt.

Unter der Annahme, daß größer gleich besser ist, wenn es um chauvinistische Gesten geht, sollte die *R101* das größte Luftschiff seiner Zeit werden. Im Gegensatz zur unterfinanzierten *R100* wurden bei der Produktion der *R101* keine Kosten gescheut. Ohne technische Erfordernisse zu berücksichtigen, wurden ein großes Foyer, ein Speisesaal und luxuriöseste Kabinen eingebaut, ebenso ein asbestbeschichtetes

Raucherzimmer. Auch ein gewisser Anteil an rostfreiem Stahl wurde in den Rahmen des Luftschiffes integriert; dieser ist stärker als das üblicherweise verwendete Duralumin, aber leider auch sehr viel schwerer.

Als endlich jemand die mathematischen Berechnungen des Luftschiffes überprüfte, wurde klar, daß die *R101* wohl kaum vom Boden abheben würde. Eine Überarbeitung wurde angeordnet, der Rahmen zur Hälfte entfernt, eigene Sektionen zur Steigerung des Auftriebes hinzugefügt und überflüssiges Gewicht auf ein Minimum reduziert. Das zusammengeflickte Luftschiff wurde rasch für seinen Jungfernflug nach Indien vorbereitet – obwohl es kaum Testflüge absolviert hatte.

DIE *R100* HEBT ZU IHREM JUNGFERNFLUG AB.

DIE *R101* ÜBER BEDFORD IM JAHR 1929, NACHDEM SIE CARDINGTON FÜR EINEN TESTFLUG VERLASSEN HATTE. SIE LITT UNTER TECHNISCHEN PROBLEMEN, EINSCHLIESSLICH DEFEKTEN AN DEN MASCHINEN.

Am 4. Oktober 1930 ging eine kleine Gruppe von Menschen an Bord der *R101*, die für das Ziel Karatschi (im heutigen Pakistan) bereit lag. Wegen ihres hohen Gewichtes flog sie gefährlich tief durch strömenden Regen und starken Wind in Richtung Frankreich.

Das Luftschiff erreichte den Kontinent schließlich, lag jedoch bereits im Zeitplan zurück. Von den Passagieren unbemerkt, hatte sich ein weiteres Problem ergeben, und zwar mit dem Material, das für die Bespannung verarbeitet worden war. Um es zu verstärken, waren weitere Stücke des Materials mit einer Gummimischung angeklebt worden. Diese reagierte jedoch mit dem Mittel, das zur Beschichtung verwendet worden war, und machte die Bespannung brüchig und spröde – zwei der schlimmsten Eigenschaften, die man sich für die Außenhaut eines Luftschiffes nur denken kann. Obwohl die meisten der mit diesem Gummi behandelten Teile entfernt worden waren, blieben zwei Schlüsselsektionen unverändert. In einem Akt von mörderischer

Dummheit war beschlossen worden, sie lieber zu belassen, als zu riskieren, daß der groß angekündigte Flug abgesagt werden mußte.

Als das tieffliegende Luftschiff nahe bei Beauvais in Nordfrankreich durch den Himmel kreuzte, löste sich die Bespannung des Vorderteils und legte die wasserstoffgefüllten Ballons im Inneren frei. Diese entleerten sich rasch, wodurch sich der Bug der *R101* senkte und sie nahezu unkontrollierbar machte. Das Luftschiff flog direkt in einen Berghang hinein. Das Raucherzimmer, bis dahin der Stolz des Luftschiffes in den Augen seiner Konstrukteure, enthielt den nötigen Funken, um den Wasserstoff zu entzünden. 48 Menschen verbrannten in den Flammen. Da die Leichen bis zur Unkenntlichkeit entstellt waren, wurden sie den Angehörigen in der Heimat nicht gezeigt

Die Auswirkungen des Unfalls waren enorm. Die britische Regierung ordnete an, die *R100*, die sich nach wie vor im Hangar befand, zu demontieren. Ebenso wurden die Pläne für zwei noch größere Luftschiffe, die *R102* und die *R103*, verworfen. Soweit es Großbritannien betraf, hatte die Ära der Luftschiffe ihr tragisches Ende gefunden.

Eine riesige Menschenmenge erwies den 48 Särgen in Westminster Abbey in London die letzte Ehre. Unter den Anwesenden waren auch Hugo Eckener und eine kleine Abordnung der Zeppelin-Gesellschaft, die sich damit trösten konnten, daß ihre Luftschiffe besser konstruiert

POLIZEI UND FEUERWEHR SUCHEN IN DEN TRÜMMERN DER *R101* IM NORDFRANZÖSISCHEN BERGLAND NACH LEICHEN.

Für einen Moment hielt die Akron *in einem Winkel von 45 Grad inne, bevor sie von der tobenden See verschlungen wurde.*

waren, und die beruhigt waren, daß bisher kein einziger Mensch bei einem Zwischenfall mit einem deutschen Luftschiff ums Leben gekommen war.

Doch Italiener und Briten waren nicht allein, wenn es um größere Luftschiffunfälle ging. In den Vereinigten Staaten standen die Dinge kaum besser. Am Abend des 3. April 1933 flogen die Offiziere und die Mannschaft der *Akron*, eines Luftschiffes der US-Marine und zu der Zeit das größte der Welt, über dem Atlanitk in den schlimmsten Sturm der jüngeren Geschichte. Obwohl sie dem Sturm von allen Seiten ausgesetzt war, hielt die *Akron* dem Unwetter stand, bis sich kurz nach Mitternacht herausstellen sollte, daß die Naturgewalt doch stärker war.

Die stürmischen Winde kappten die Kabel des Steuerruders. Obwohl der ganze Ballast abgeworfen wurde, schnellte der Vorderteil des Schiffes nach oben. Wegen eines schadhaften Höhenmessers glaubte der Pilot, er befände sich 240 Meter über dem Meeresspiegel. Tatsächlich flog er nur knapp über der Wasseroberfläche. Als nun der Bug des Luftschiffes sich hob, berührte das Heck das eisige Wasser darunter. Für einen Moment hielt die *Akron* in einem Winkel von 45 Grad inne, bevor sie von der tobenden See verschlungen wurde.

Während eines Sturmes ist der Atlantische Ozean ein großartiger Anblick, wenn man ihn von einem sicheren Ort aus betrachtet; doch ohne Rettungsboot kann man sich an keinem schlimmeren Ort befinden. Der Absturz geschah so schnell, daß die Rettungsboote nicht mehr zu Wasser gelassen werden konnten. Obwohl bereits kurz vor dem Aufprall Alarm gegeben worden war, schlief der größte Teil der Besatzung. Von den 76 Offizieren und Mannschaftsmitgliedern überlebten nur drei bis zum Morgen. Noch tagelang trieben Leichen und Trümmer vor der Küste von New Jersey. Dies war das bisher größte Unglück in der Geschichte der Luftfahrt. Doch die Geschichte neigt dazu, sich zu wiederholen. Nur zwei Jahre später geschah ein Unfall, der der Produktion von Luftschiffen in Amerika ein Ende setzen sollte.

Die *Macon* war der unumstrittene Stolz der US-Marine. Dank eines außergewöhnlichen Haken- und Kransystems fungierte sie als Flugzeugträger, der kleine Hilfsflugzeuge als Späher aussandte. Nachdem sie ihre Mission erfüllt hatten, kehrten die Flugzeuge zum Mutterschiff zurück, wo sie mittels eines Hakens, der mit einem Kran an Bord der *Macon* verbunden war, vom Himmel „gepflückt" wurden. Sobald die kleinen Flugzeuge auf diese Art befestigt waren, wurden sie mit einer Winde an

Bord gezogen und bis zum nächsten Gebrauch im Inneren verstaut. Dies war ein gewagtes Unterfangen, das großes Können von allen Beteiligten verlangte, sich jedoch bei vielen Trainingsmissionen über dem Meer als wertvoll erwies.

Obwohl das Luftschiff vor allem zur Verwendung über Wasser konstruiert worden war, war es früher auch schon über Land, 1934 im

DAS AMERIKANISCHE LUFTSCHIFF *MACON* WÄHREND DES BAUS IM HANGAR

DIE *MACON* FLIEGT 1933 ÜBER
SAN FRANCISCO; ZWEI JAHRE SPÄTER
FAND SIE DURCH EINEN ABSTURZ
IN DEN OZEAN IHR ENDE.

Westen von Texas, eingesetzt worden. Die *Macon* hatte durch heftige Winde während eines Trainingsfluges an ihrem Heck Schäden erlitten. Es war klar, daß dieser Bereich des Luftschiffes ein Schwachpunkt bliebe, bis der Teil verstärkt würde. Mehrere Leute behaupteten, es wäre unwahrscheinlich, daß die *Macon* sich neuerlich einem solchen Wetter stellen müßte. Deshalb wurden die Änderungsarbeiten immer wieder aufgeschoben.

Am Abend des 12. Februar 1935 befand sich die *Macon* nach einem Übungseinsatz auf dem Rückflug zum Stützpunkt, als sie während einer Wende von einem plötzlichen Windstoß erfaßt wurde. Sofort war offensichtlich, daß das Heck dabei Schaden genommen hatte. Durch einen plötzlichen Druckabfall im hinteren Teil neigte sich das Luftschiff steil aufwärts. Daraufhin befahl der Kapitän, sämtlichen Ballast abzuwerfen, doch anstatt die Lage zu stabilisieren, verursachte diese Maßnahme einen unkontrollierten Steigflug.

Bevor irgend jemand wußte, was passiert war, stieg die *Macon* bis auf über 1.500 Meter Höhe, was die Ventile der restlichen Gasballons zum Bersten brachte. Bewegungslos hing das Luftschiff über 15 Minuten lang in dieser Höhe, bis es dann unaufhaltsam zur Wasseroberfläche herabsank. Obwohl der kurzzeitige Halt für alle an Bord eine schreckliche Erfahrung war, gab er ihnen Zeit, Schwimmwesten anzulegen und die Rettungsboote klarzumachen. Ebenso konnte der Kapitän per Funk um Hilfe rufen. So war diese bereits unterwegs, als das Luftschiff ins Wasser stürzte. Von den 83 Personen, die den Absturz aus der Höhe mitgemacht hatten, konnten 81 gerettet werden. Obwohl die größte Katastrophe also abgewendet worden war, benutzte das amerikanische Militär nie wieder ein großes Luftschiff. Das einzige verbleibende, die *Los Angeles*, wurde abgerüstet und nie wieder geflogen. Deutschland hatte als einziges Land noch genug Vertrauen in Luftschiffe, um deren Bau fortzusetzen.

Kapitel 4

Der Stolz des Reiches

DAS NEUE LUFTSCHIFF *LZ 129*, NOCH OHNE NAMEN, GESEHEN VOM HECKRUDER AUS, IM HANGAR DES ZEPPELIN-WERKSGELÄNDES IM MÄRZ 1936

Jedes deutsche Luftschiff, das der *Graf Zeppelin* nachfolgen wollte, mußte etwas Besonderes sein. Die *Graf Zeppelin* hatte neue Maßstäbe hinsichtlich Konstruktion, Komfort, Zuverlässigkeit und erhabener Größe gesetzt.

Sie hatte Rekorde gebrochen und mit ihrer Weltumrundung 1929 allen bewiesen, daß der Himmel zumindest zu dieser Zeit den großen Luftschiffen gehörte. Doch vor all dem, sogar noch bevor die *Graf Zeppelin* erstmals den Boden verließ, existierten bereits Pläne für ein noch größeres Luftschiff.

Die *LZ128* hätte der britischen *R101* Konkurrenz gemacht. Mit etwa 230 Metern Länge und gefüllt mit über 140.000 Kubikmetern Wasserstoff, hätte sie wie eine übergroße Version der *Graf Zeppelin* ausgesehen. Doch als die *R101* 1930 im französischen Bergland bruchlandete und in einem durch den explodierten Wasserstoff ausgelösten Inferno zerstört wurde, wurden die Pläne für die *LZ128* zugunsten eines neuen Entwurfs aufgegeben, der mit dem sichereren Helium arbeiten sollte.

Um den geringeren Auftrieb des Heliums zu kompensieren, wurde beschlossen, das Luftschiff länger und größer zu konstruieren als alle bisher dagewesenen. Es sollte so gewaltig sein, daß extra für diesen Bau eine riesige Halle auf dem Zeppelin-Werksgelände in Friedrichshafen errichtet werden mußte. Doch das neue Luftschiff, das die Seriennummer *LZ129* trug, wurde in eine schwierige Welt hineingeboren.

Die Bestimmungen des Vertrages von Versailles verpflichteten Deutschland zu Reparationszahlungen an die Alliierten, die kaum zu bezahlen waren. Im Wesentlichen waren dies Geldbußen für die im Krieg verursachten Schäden. 1921 wurde deren Summe mit 132 Milliarden Goldmark festgelegt. Nachdem einige Teilzahlungen erfolgt waren, verlautbarte die deutsche Regierung 1923, daß sie keine weiteren Zahlungen mehr leisten könne.

Als Reaktion darauf marschierten Franzosen und Belgier im Ruhrgebiet ein, dem Kernland der deutschen Industrie am Rhein, und versuchten, es unter ihre Kontrolle zu bringen. Mit Rückendeckung der deutschen Regierung brachten Unternehmer und Arbeiter die gesamte Produktion im Ruhrgebiet zum Erliegen. Um den Verfall aufzuhalten, druckte die deutsche Reichsbank Unmengen an Papiergeld. 1924 war die deutsche Mark nahezu wertlos geworden. Was zuvor eine gemäßigte Mitte-rechts-Gesellschaft war, drohte nun zusammenzubrechen. Die Demokratie geriet in Gefahr, als Kommunisten und Nationalsozialisten begannen, um die Vorherrschaft im Land zu kämpfen. 1930 gewannen die Kommunisten bei den Wahlen 77 Sitze, die NSDAP 107. Der amtierende Kanzler Heinrich Brüning war

PAUL VON HINDENBURG, DEUTSCHER REICHSPRÄSIDENT VON 1925 BIS 1934

unfähig, eine Mehrheitsregierung zu bilden, und konnte nur mit Hilfe einer Notverordnung des Präsidenten Paul von Hindenburg regieren.

Kanzler Brüning wurde im Mai 1932 abgesetzt. Bei den im Juli abgehaltenen Wahlen erreichte die NSDAP 230 Mandate. Am 30. Januar 1933 ernannte Paul von Hindenburg Adolf Hitler, den Führer der Nationalsozialisten, zum Reichskanzler. Er tat dies in dem Glauben, daß Hitler durch eine Gruppe sozial „Überlegener", einer traditionellen deutschen Elite, der Konservative, höhere Offiziere und der Präsident selbst angehörten, kontrolliert werden könnte. Hindenburg hätte sich nicht gründlicher täuschen können. Innerhalb von nur zwei Jahren errichtete Hitler einen totalitären Staat, der die alte Ordnung hinwegfegte.

Anfänglich schien das für die Zeppelin-Gesellschaft nicht schlecht zu sein. Sie hatte Probleme mit der Finanzierung ihres neuen Luftschif-

HITLER BEI DER TRUPPEN-
INSPEKTION NACH SEINER
ERNENNUNG ZUM REICHSKANZLER

DER RAHMEN DER *LZ129* WÄHREND DES BAUS AUF DEM ZEPPELIN-WERKSGELÄNDE IN FRIEDRICHSHAFEN

fes, der *LZ129*. 1934 wurde Dr. Joseph Goebbels, der Propagandaminister der neuen Nazi-Regierung, darauf aufmerksam gemacht, wie wertvoll das Luftschiff als Symbol deutscher Macht sein könnte. Er verlautbarte seine Unterstützung für dieses Projekt öffentlich, indem er der Konstruktion zwei Millionen Reichsmark zuschoß. Hermann Göring, sein politischer Rivale, hatte zwar wenig Interesse an Luftschiffen, sah jedoch seine Rolle als für die Luftwaffe zuständiger

DIE ARBEITEN AN DEM LUFTSCHIFF NÄHERN SICH DER FERTIGSTELLUNG.

Minister durch die Geste des Propagandaministers gefährdet. Zunächst sponserte er das Projekt mit neun Millionen Reichsmark, beschloß aber dann, ein eigenes Unternehmen zu schaffen. Mit Unterstützung der staatlich finanzierten Linie Lufthansa, die umgerechnet eine Million Dollar zum Startkapital der Fabrik beitrug, wurde 1935 die Deutsche Zeppelin-Reederei gegründet. Umgehend übergab die Zeppelin-Gesellschaft die *Graf Zeppelin*. Indem sie ihre Seele an den Teufel verkaufte, hatte die Zeppelin-Gesellschaft dafür gesorgt, daß die Zukunft des Luftschiffes sichergestellt war. Doch einige mögen den Preis für zu hoch gehalten haben.

Hugo Eckener, der nach dem Ersten Weltkrieg so viel für die Rettung der Zeppelin-Gesellschaft vor dem finanziellen Kollaps getan hatte, machte aus seiner ablehnenden Haltung den Nationalsozialisten gegenüber kein Geheimnis. Weil er Hitler und seine mörderischen Gefährten verachtete, war er bereit, seine Position als öffentlich angesehene Person zur Unterstützung von Kanzler Brüning einzusetzen, der zu Hitlers politischen Gegnern zählte. Eckener sprach sogar in einer nationalen Radioübertragung zu Brünings Gunsten, doch auch das konnte den angeschlagenen Kanzler nicht retten. Nach Brünings Absetzung wurde Eckener gebeten, sich um das Präsidentenamt zu bewerben, in der Hoffnung, daß er der wachsenden Macht des Nationalsozialismus Grenzen setzen

könnte. Eckener lehnte ab, konzentrierte sich stattdessen auf seine Luftschiffe, äußerte seine Kritik jedoch weiterhin bei jeder Gelegenheit.

Ernst Lehmann, Eckeners rechte Hand in der Zeppelin-Gesellschaft,
schien dessen Ansichten über die Nazis nicht zu teilen. Wenn er es tat,
dann behielt er sie wie viele andere für sich. Auf den Zug der Zeit auf-
springend, konnte er sich den Posten des Direktors der neuen Deutschen Zeppelin-Reederei sichern. Eckener, sein früherer Mentor, wurde
großzügig mit dem Titel eines Ehrenvorsitzenden bedacht. Doch dieser
Titel war in Wirklichkeit von keinerlei Einfluß auf das Unternehmen.

Welche Auswirkungen der Platztausch der beiden Männer hatte, verdeutlichen zwei Ereignisse, die kurz nach der erfolgreichen Übernahme
der Zeppelin-Gesellschaft durch die Nazis stattfanden. Im März 1936,
nicht lange nachdem die *LZ129* erstmals den gigantischen Hangar, in
dem sie gebaut worden war, verlassen hatte, kam der Befehl, daß sie auf
den Namen *Hindenburg* getauft werden sollte. Die Bedeutung der

HERMANN GÖRING BEGUTACHTET
DIE *HINDENBURG*; DIE NATIONAL-
SOZIALISTEN BETRACHTETEN DAS
GROSSE LUFTSCHIFF ALS SYMBOL
IHRER MACHT.

WERBUNG DER ZEPPELIN-
GESELLSCHAFT FÜR IHR NEUES
LUFTSCHIFF *LZ129*

Namensgebung nach dem früheren Präsidenten, der Hitler 1933 zum Reichskanzler ernannt hatte, entging niemandem. Eckener hatte in dieser Angelegenheit keine Wahl, und vielleicht entschied er sich auch für die Vorgangsweise seines früheren Protegés, den Nationalsozialisten nicht zu widersprechen, daß Hindenburg zumindest eine Art altmodischer deutscher Patriot gewesen war. Was jedoch wirklich einen Graben zwischen beiden Männern entstehen ließ, war Lehmanns Entscheidung, den Nationalsozialisten zu erlauben, die *Hindenburg* gemeinsam mit der *Graf Zeppelin* für eine Propagandatour anläßlich eines Referendums am 29. März 1936 zu benutzen.

Beide wußten, daß die *Hindenburg* noch nicht den umfassenden Tests unterzogen worden war, die die *Graf Zeppelin* durchlaufen hatte, als Eckener die Firmenleitung oblag. Die *Hindenburg* sollte ihren Jungfernflug nach Rio de Janeiro in Brasilien erst am Tag nach dem Referendum unternehmen. Lehmann ließ jedoch die letzten Tests für das neue Luftschiff absagen, um den Wünschen von Joseph Goebbels und seiner Propagandatour zu entsprechen. Eckeners Zorn zog sich Lehmann endgültig zu, als er anordnete, die *Hindenburg* bei starkem Wind starten zu lassen. Diese Leichtfertigkeit hatte Schäden am Heck des Luftschiffes und einen Tobsuchtsanfall Eckeners zur Folge. Eckeners scharfe Worte richteten sich dabei ebensosehr gegen Goebbels wie gegen Lehmann. Dieser Zwischenfall erlangte zwar größere Bedeutung, als Goebbels von Eckeners Tirade erfuhr, doch letzten Endes war Hugo Eckeners Traumschiff gebaut worden. Und was für ein Schiff es war!

Die *Hindenburg* war für Helium konstruiert und daher größer gebaut worden, als es sonst vielleicht der Fall gewesen wäre, um den geringeren Auftrieb des Edelgases zu kompensieren. Trotzdem wurden 16 Gaszellen des Luftschiffes schließlich mit Wasserstoff gefüllt. Als die *Hindenburg* entworfen wurde, war die Heliumkontrollakte von 1927 in Kraft.

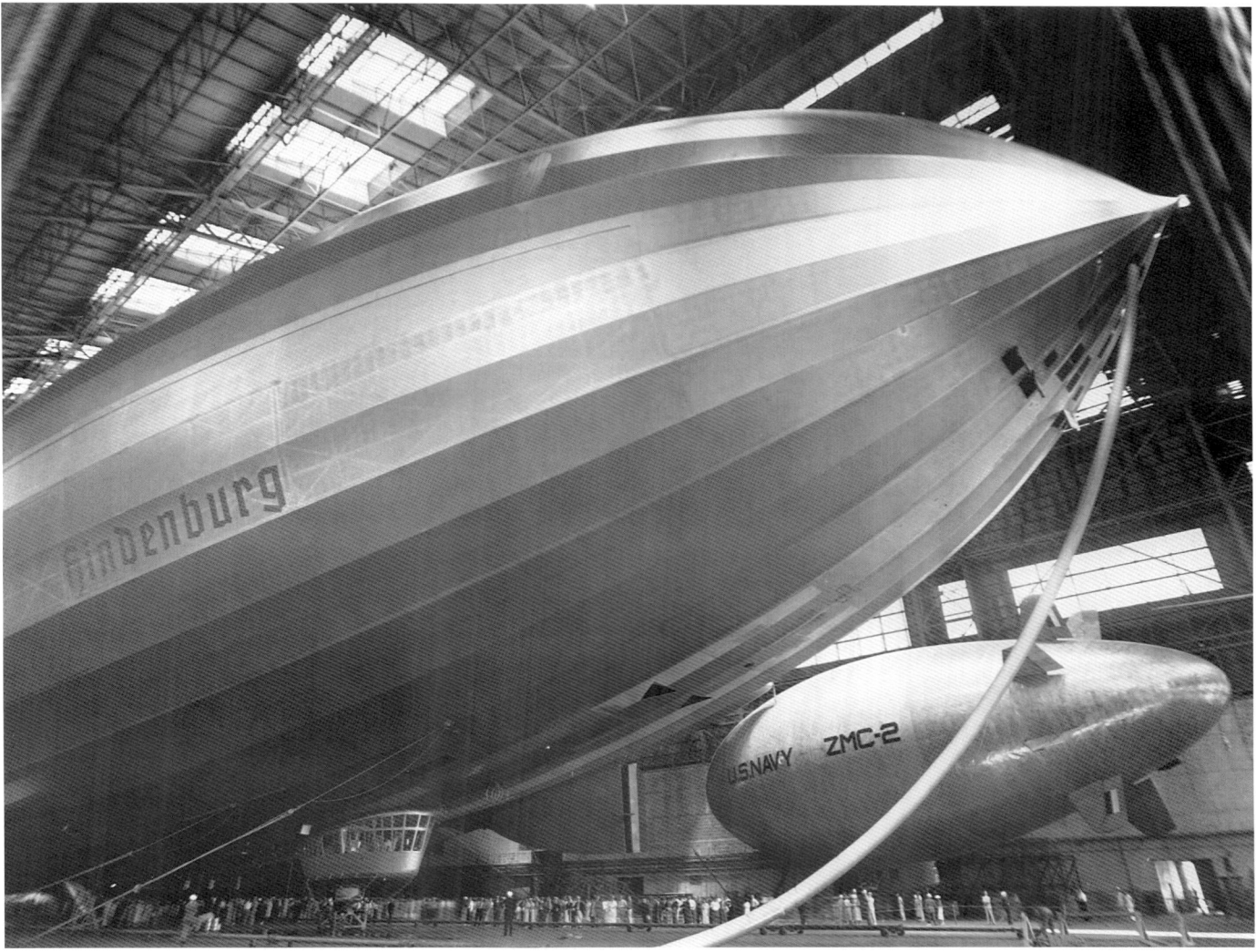

DIE HINDENBURG IM HANGAR
VON LAKEHURST

Die Regierung der USA hatte diese Akte verabschiedet, um den Heli-
umexport für militärische Zwecke zu unterbinden. Die an der Konstruktion Beteiligten hofften vergeblich, daß sie bis zur Fertigstellung der
Hindenburg außer Kraft gesetzt würde. Weil die Amerikaner quasi ein
Monopol auf Helium hatten, blieb den Deutschen keine andere Wahl,
als die *Hindenburg* mit Wasserstoff zu füllen. Zu der Zeit konnte niemand ahnen, welche tragischen Konsequenzen Amerikas Weigerung
haben würde, seine Heliumvorräte mit dem Rest der Welt zu teilen. In
jedem Fall scheint die Zeppelin-Reederei, wie sie nun hieß, keinen
Versuch unternommen zu haben, die amerikanische Regierung zur
Lockerung des Exportverbotes zu überreden.

Als die *Hindenburg* sich 1936 in die Lüfte schwang, war sie die
größte Flugmaschine aller Zeiten. Man kann sich den Eindruck, den sie

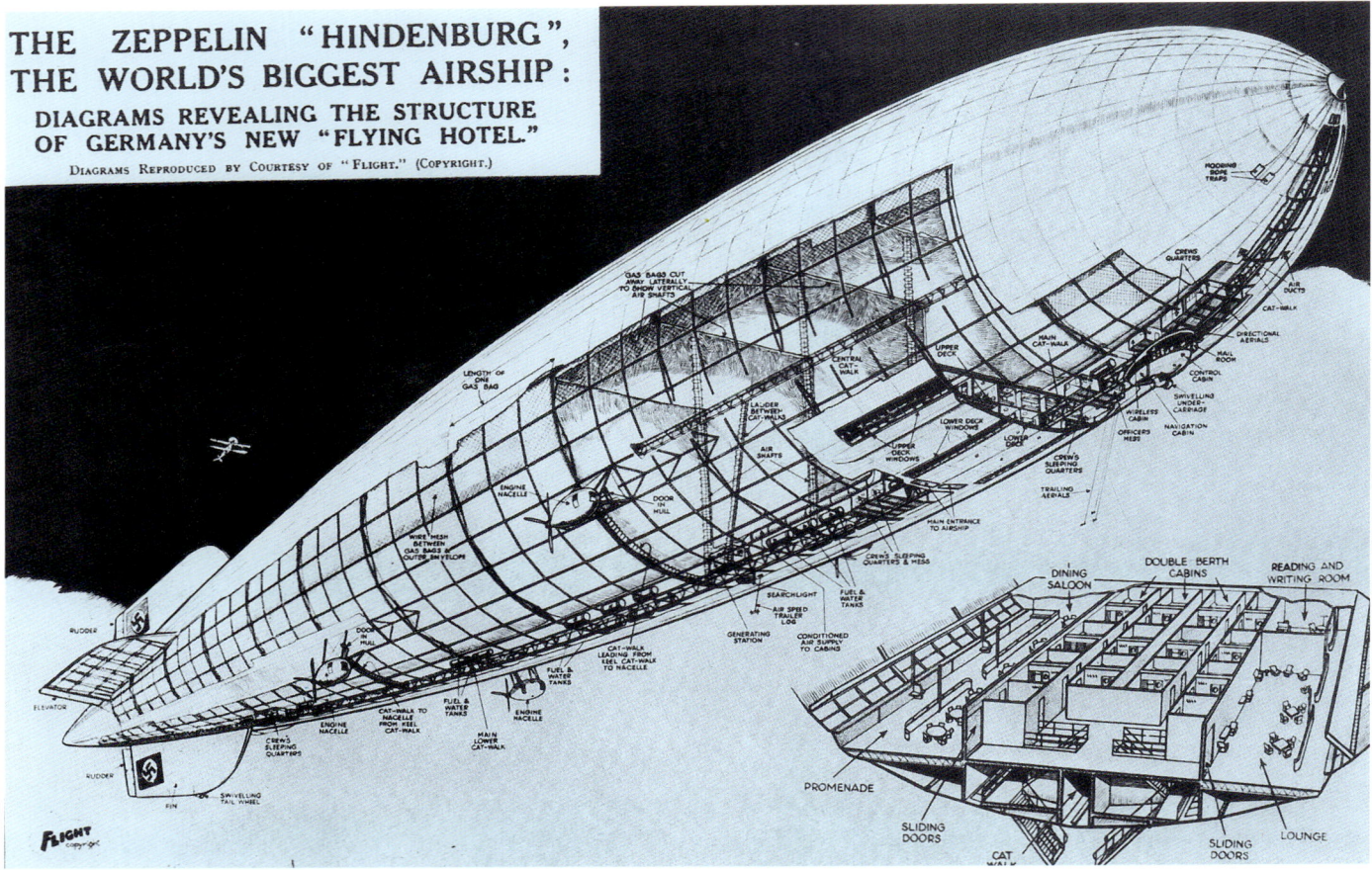

THE ZEPPELIN "HINDENBURG", THE WORLD'S BIGGEST AIRSHIP: DIAGRAMS REVEALING THE STRUCTURE OF GERMANY'S NEW "FLYING HOTEL." DIAGRAMS REPRODUCED BY COURTESY OF "FLIGHT." (COPYRIGHT.)

EIN SCHAUBILD, DAS VERÖFFENTLICHT WURDE, UM DIE LUXURIÖSE AUS-STATTUNG DER *HINDENBURG* FÜR DIE PASSAGIERE ZU VERDEUTLICHEN.

auf alle, die sie sahen, machte, kaum vorstellen. Mit fast 245 Metern Länge war sie nur wenig kürzer als die *Titanic*. An ihrer breitesten Stelle maß sie 41 Meter im Durchmesser. Um diese enormen, aber unerhört eleganten Ausmaße vom Boden wegzubringen, faßte die *Hindenburg* ein Gasvolumen von etwa 200.000 Kubikmetern.

Doch trotz seiner außergewöhnlichen Größe war das Luftschiff in jeder Hinsicht nach traditionellen Plänen entworfen und mit geprüften Materialien und Techniken konstruiert worden. Einer der wenigen Brüche mit der Tradition bestand lediglich darin, daß die Wasserstoffzellen nicht mit der Haut aus den Eingeweiden von Rindern überzogen waren, sondern mit einer gallertartigen Lösung, die erstmals von amerikanischen Luftschiffkonstrukteuren verwendet worden war. Die Träger, die dem Gefährt Stabilität verliehen, waren aus Duralumin, einer Leichtmetalle-gierung, die man zu dieser Zeit häufig für Luftschiffe verwendete. Der Hauptrahmen wurde durch eine Technik von verstärkten Drähten unterstützt, die von Flugzeugingenieuren für den Einsatz bei Doppel-deckern konstruiert wurden. Diese Technik nutzt die Stabilität von dreieckigen Strukturen und teilt den Hauptrahmen in mehrere, mit Draht umwickelte Dreiecke. Jedes dieser kleinen Dreiecke, die fast nur aus Draht bestehen, trägt seine eigene Stabilität bei, was der Gesamtstruktur unglaubliche Stärke und bemerkenswerte Leichtigkeit verleiht.

Ein Luftschiff dieser Größe benötigte hochleistungsfähige Maschinen, wenn es in der Luft manövrierfähig bleiben sollte. So wurde die *Hindenburg* mit vier Dieselmotoren ausgestattet, die Daimler-Benz zur Verfügung stellte. Diese Maschinen wurden, ebenso wie das Ruder und das Höhenruder, welche die Richtung und die Art bzw. den Winkel des Fluges bestimmen, von der Steuerkanzel aus bedient, die sich unter dem Bug des Luftschiffes befand, und zwar zwischen den Offizierskabinen und dem Funkraum. Zusätzlich besaß die *Hindenburg* noch eine Ersatzsteuerkanzel im Heck.

Die Treibstoff-, Öl- und Wassertanks befanden sich an der Längsseite der *Hindenburg* in der Nähe der Mannschaftsquartiere, die im Zentrum des Luftschiffes, am Bug hinter den Kabinen für die Passagiere und in der Nähe des Hecks lagen. Es gab auch Frachträume und einen Funkraum nahe dem Bug der *Hindenburg*.

DIE STEUERKANZEL UNTER DEM BUG DES GROSSEN LUFTSCHIFFES

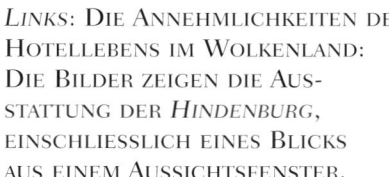

LINKS: DIE ANNEHMLICHKEITEN DES
HOTELLEBENS IM WOLKENLAND:
DIE BILDER ZEIGEN DIE AUS-
STATTUNG DER *HINDENBURG*,
EINSCHLIESSLICH EINES BLICKS
AUS EINEM AUSSICHTSFENSTER.

Die Messe, die Küche, die Offiziersmesse, das Raucherzimmer, die Toiletten und die Bar befanden sich auf Deck B, gleich hinter der Steuerkanzel, jedoch innerhalb des Luftschiffes. Hier gab es auch eine Dusche, was für ein Luftschiff völlig neuartig war.

Obwohl die *Hindenburg* einen großartigen Anblick bot, schien sie, zumindest von außen gesehen in keiner weiteren Hinsicht irgendwelche Besonderheiten aufzuweisen, wenn man von ihrer Größe einmal absieht. Doch jeder, der als Passagier an Bord ging, erkannte sofort, daß er eine völlig neue Welt betreten hatte.

Auch wenn die *Hindenburg* das größte jemals gebaute Luftschiff war, bot sie nur für 50 Passagiere Platz. Doch diese 50 Gäste wurden von einem Ausmaß an Luxus und Komfort verwöhnt, das seinesgleichen in der zivilen Luftfahrt sucht, seit Hugo Eckeners Traumschiff den Himmel durchkreuzte. Die Gästekabinen befanden sich auf Deck A, gleich hinter der Steuerkanzel und unmittelbar über Deck B. Diese Quartiere umfaßten 25 Doppelzimmer, jedes ausgestattet mit Etagenbetten, wie sie auch für Schlafwagen verwendet werden. Diese Räume wirkten im Vergleich zum Rest des Schiffes spartanisch, weil die Konstrukteure – völlig zu Recht – angenommen hatten, daß die Passagiere die meiste Zeit in den öffentlichen Bereichen des Decks A verbringen würden. Deshalb wurden diese so luxuriös wie möglich gestaltet.

Die öffentlichen Bereiche auf Deck A lagen beiderseits der Schlafräume. Auf beiden Seiten waren Promenaden angelegt, die mit 45 Grad geneigten Aussichtsfenstern ausgestattet waren, um maximale Sicht auf die Sehenswürdigkeiten darunter zu ermöglichen. An der Backbordseite (der linken Seite) der *Hindenburg*, am Ende einer der Promenaden, befand sich der Speisesaal. Dort wurden Speisen wie in besseren euro-

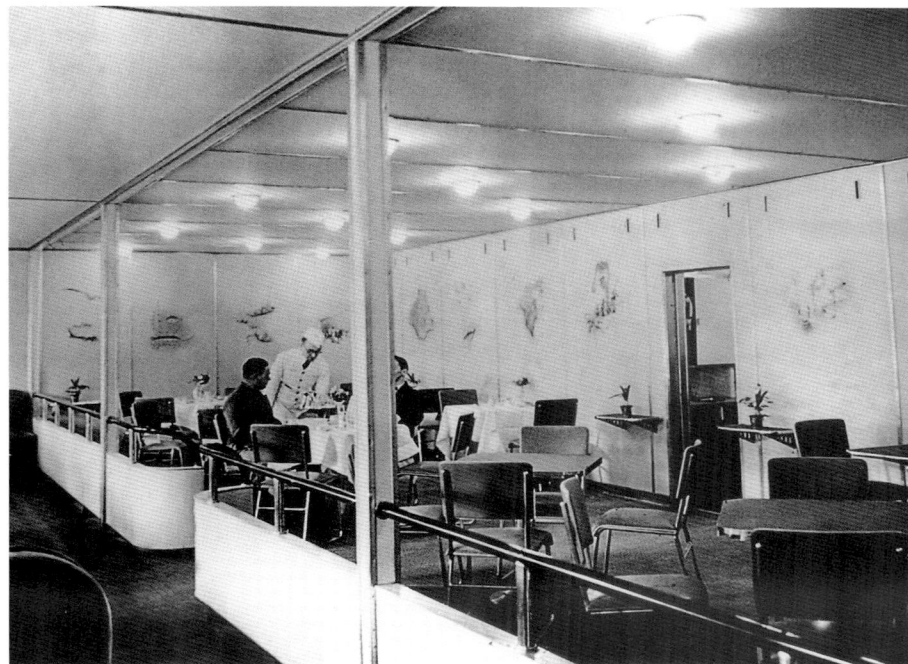

päischen Restaurants serviert. Außerdem konnten die Gäste aus einem reichhaltigen Angebot an deutschen und französischen Weinen wählen.

Das wirklich außergewöhnliche Foyer befand sich steuerbord (rechte Seite) und war sogar mit einem kleinen Flügel ausgestattet. Das Piano war eigens dafür aus Aluminium konstruiert worden und wog weniger als 200 Kilogramm, wodurch es selbst zu einem Wunderwerk der Technik wurde. Neben dem Foyer lag das Lesezimmer, das auch als Schreibzimmer diente, in dem Papierwaren erhältlich waren. Außerdem war dort der Briefkasten aufgestellt, der zweimal täglich geleert wurde. Die kleine Bar befand sich darunter auf Deck B, gleich neben dem Raucherzimmer. Letzteres konnte nur durch eine Luftschleuse betreten

EINE DER BEIDEN PROMENADEN MIT DEN GENEIGTEN AUSSICHTS-FENSTERN

werden, um das Risiko zu veringern, daß sich vereinzeltes Wasserstoffgas durch einen un-achtsamen Raucher entzünden konnte.

Kurz gesagt, die *Hindenburg* war das bemer-kenswerteste Luftschiff, das jemals gebaut wur-de. Sie verkörperte den Gipfel der Träume eines Mannes. Doch als sie 1936 zu ihrer ersten At-lantiküberquerung ansetzte, konnten nur weni-ge ahnen, was dieser Traum Hugo Eckener ge-kostet hatte und welche Demütigungen ihm sein Pakt mit den Nazis noch bescheren würde.

Kapitel 5

Die Reisen des Großen Luftschiffes

HUGO ECKENER, DER DIE ZEPPELIN-WERKE NACH DEM ERSTEN WELTKRIEG VOR DEM FINANZIELLEN RUIN RETTETE.

Am 31. März 1936 legte die *Hindenburg*, Stolz des Dritten Reiches und größtes Luftschiff, das jemals den Himmel zierte, in Richtung Rio de Janeiro ab.

Der majestätische Abflug der *Hindenburg* stand in starkem Kontrast zu den heftigen Konflikten an Bord des Luftschiffes. Zwei Tage zuvor hatte sie sich noch gemeinsam mit ihrem Schwesterschiff, der *Graf Zeppelin*, auf Propagandatour für die Nationalsozialisten befunden, um die Deutschen zu veranlassen, bei einem Referendum zur Rückeroberung des Rheinlandes mit „Ja" zu stimmen. Nun stand dieses Symbol des wiedererstandenen Deutschland vor seinem ersten Transatlantikflug.

Wäre es nach Hugo Eckener gegangen, hätte die *Hindenburg* noch einige Tests durchlaufen müssen, ehe sie ein derartiges Vorhaben in Angriff nahm. Bevor die Nazis sein geliebtes Unternehmen übernommen hatten, hätte Eckener niemals gestattet, eines seiner Luftschiffe ohne eingehende Prüfung auf eine solche Reise zu schicken. Die Propagan-

NATIONALSOZIALISTEN
IN BERLIN, 1936

datour, die auf ausdrückliche Anordnung Joseph Goebbels' und mit der
Erlaubnis Ernst Lehmanns stattfand, hatte den Prüfplan unterbrochen.
Die neu entwickelten Dieselmaschinen waren nicht unter Hochbe-
lastung getestet worden, worauf Eckener bestanden hätte. Nun war er
jedoch nicht mehr in der Position, auf irgend etwas zu bestehen.

Zum ersten Mal, seit man sich erinnerte, oblag die Leitung nicht Hugo
Eckener. Der Mann, der die Zeppelin-Gesellschaft vor dem Ruin gerettet
hatte, war nun kaum mehr als ein Aushängeschild – eine vertraute,
Sicherheit ausstrahlende Erscheinung, im Grunde aber nur ein weiterer
Passagier. Und dieser Passagier hatte einige Beschwerden vorzubringen.

Hugo Eckener stammte aus einem Deutschland, das mit dem Mann,
nach dem sein großartiges Luftschiff benannt worden war, gestorben
ist. Dieses alte Deutschland war vom Haus Hohenzollern an der Spitze
einer preußischen Elite geführt worden, die bis zur Arroganz vor
Selbstvertrauen strotzte. Sie stützte ihre Macht weniger auf Intrigen
und Mord als auf den Glauben an ihr gottgegebenes Recht, das seit
1871 vereinigte Deutsche Reich zu regieren. Diese Regierung berief
sich auf das Prinzip der Ehre, das alle Gesellschaftsschichten durchzog.

Was Eckener so abstoßend an den Nazis fand, war nicht die Tatsache, daß sie aus einer Unterschicht kamen, die nicht fähig war zu

regieren – obwohl er das ziemlich sicher glaubte. Vielmehr waren sie für ihn Männer ohne Ehre. Er hatte ihren Führer, einen Emporkömmling aus den unteren Rängen des Militärs, dabei beobachtet, wie er log und betrog, um an die Macht zu kommen und wie er die SA-Schlägertruppen auf den Straßen einsetzte, um Angst und Terror zu verbreiten. Dies war nicht die Art von Männern, die Eckener respektieren würde, sondern kaum mehr als Kriminelle, die sich mit Messern, Knüppeln und Pistolen Respekt verschaffen wollten. Und als das Nazi-Regime von Tag zu Tag restriktiver wurde, exponierte sich Eckener, indem er sich weigerte, seine Meinung für sich zu behalten.

Er hatte aus seiner Meinung über Goebbels' Anordnung, die *Hindenburg* für die Propagandatour einzusetzen, kein Geheimnis gemacht. Diese Ansichten wurden Hitlers Propagandaminister bald bekannt. Besonders scharf hatte Eckener das Referendum selbst kritisiert, was Goebbels ebenfalls zu Ohren kam. Bevor die *Hindenburg* ihr Ziel noch erreicht hatte, befand sich Eckener in großen Schwierigkeiten mit dem neuen Regime.

JOSEPH GOEBBELS, HITLERS PROPAGANDAMINISTER, FOTOGRAFIERT IN SEINEM ARBEITSZIMMER, 1934

Obwohl die *Hindenburg* nicht eingehend getestet worden war, verlief die Reise nach Rio de Janeiro ohne größere Probleme. Eckeners Reise sollte sich jedoch als weitaus weniger problemlos herausstellen. Auf halbem Weg über den Atlantik bat ihn ein Reporter der Londoner *Times* um eine Stellungnahme zu seiner Ausweisung aus Deutschland, die Joseph Goebbels ausgesprochen hatte. Eckener war einer Antwort nicht fähig, weil dies das erste Mal war, daß er davon hörte.

Als die *Hindenburg* in Brasilien ankam, klärte sich die Situation auf. In Eckeners Abwesenheit hatte Goebbels ihn zum Feind des Volkes erklärt. Wegen der nachfolgend ausgesprochenen Ausweisung sollte weder Eckeners Name noch sein Foto in irgendeiner deutschen Zeitung erscheinen. Bei einem Bankett des Deutschen Klubs in Rio fühlte sich Eckener dazu gezwungen, eine Rede zu halten, in der er seine Erklärung zur unerwünschten Person bestätigte. Er fügte hinzu, daß er die Ansichten der Nationalsozialisten in keiner Weise teile und daß er die Spannungen und Differenzen bedauere, die sie verursacht hätten.

Daß sich Eckener zu dieser Rede veranlaßt fühlte, ist verständlich. Es war schlimm genug, daß die Nationalsozialisten sein geliebtes Deutschland okkupiert hatten. Daß sie nun so weit gingen und verlautbarten, daß er in dem Land, in dem er geboren worden war, nicht mehr willkommen sei – das war mehr, als der aristokratische Eckener tolerieren konnte. Doch eine solche Rede zu halten, im Wissen, daß sie auch seinen Peinigern zu Ohren kommen würde, war ein Akt der Tapferkeit. Nur wenige in Eckeners Position in Deutschland konnten Zweifel an den mörderischen Absichten der Nazis hegen. Sie hatten wiederholt bewiesen, daß sie ihre Ziele mit allen Mitteln verfolgten. Eckener mußte gewußt haben, daß ein einzelner alter Mann, wie ehrwürdig auch immer, kein Hindernis für sie darstellen würde. Seine Ehre hatte ihm jedoch geboten, trotz seiner prekären Situation zu sprechen. Als die *Hindenburg* zur Heimreise abhob, mußte sich Eckener gefragt haben, was ihn bei seiner Rückkehr erwarten würde, obwohl es zeitweise fraglich schien, ob überhaupt jemand zurückkehren würde.

Denn während der Reise nach Brasilien war einer der vier Dieselmotoren ausgefallen. Obwohl er provisorisch repariert worden war, konnte er nicht auf voller Kraft gefahren werden. Auf der Heimreise fiel eine weitere Maschine aus, als sich die *Hindenburg* vor der Küste Afrikas befand. Noch bevor sie repariert werden konnte, versagte abermals ein Motor. Das Luftschiff war nun in einer gefährlichen Lage. Mit nur

ERNST LEHMANN, ECKENERS STELL-
VERTRETER, WURDE DIREKTOR DER
DEUTSCHEN ZEPPELIN-REEDEREI,
ALS DAS REICH SEINE NEUE LUFT-
SCHIFFGESELLSCHAFT GRÜNDETE.

OBWOHL GÖRING VON LUFT-
SCHIFFEN UNBEEINDRUCKT BLIEB,
ERKANNTE ER DEN PROPAGANDA-
WERT DER MÄCHTIGEN *GRAF
ZEPPELIN* UND IHRER SCHWESTER,
DER *HINDENBURG*.

einem voll und einem halb funktionsfähigen Motor würde die *Hindenburg* große Probleme haben, wenn sie in einen Sturm geriet. Zur Rechten lag die Wüste Sahara, zur Linken nichts als Wasser, und es war nicht sicher, ob die verbliebene Maschine noch eine weitere Stunde arbeiten würde.

Die drei beschädigten Maschinen hatten wegen eines Konstruktionsfehlers versagt. Dieses Problem hätte leicht beseitigt werden können, wäre es auf einem der Testflüge aufgetreten, die Eckener verlangt hatte; nicht aber in der Sahara. Ernst Lehmann, der das Luftschiff steuerte, hatte keine andere Wahl, als es so weit steigen zu lassen, bis man Rückenwinde fände, von denen man sich heimtragen lassen könnte. Er hatte Glück, denn er fand diese Winde auf etwa 1.000 Meter Höhe. Nur langsam näherte sich die *Hindenburg* Deutschland; Eckeners Bedenken bezüglich seines Traumschiffes hatten sich bestätigt.

Für Hugo Eckener war das Versagen der Maschinen ein Glücksfall, denn er kehrte mit äußerst ungewissen Aussichten nach Deutschland zurück. Die Nazis hatten begonnen, Oppositionelle zu ermorden, und auch ein Mann von Eckeners Position konnte nicht sicher sein, daß die nächste Kugel nicht ihm gelten würde. Mit einem Vorschlag, der sämtliche Beteiligte ihr Gesicht wahren ließ, trat Luftfahrtsminister Hermann Göring an Eckener heran und empfahl ihm, er sollte an Joseph Goebbels schreiben, daß er sich aus rein technischen Gründen gegen den Propagandaflug ausgesprochen hatte. Die Tatsache, daß sich seine Bedenken bezüglich der Lufttauglichkeit der *Hindenburg* als richtig erwiesen hatten, würde seiner Stellungnahme Glaubwürdigkeit verleihen. Eckener, der sich zunächst verweigerte, stimmte dem Brief schließlich zu. Goebbels nahm Eckeners schriftliche Erklärungen mit jener selbstgefälligen Haltung entgegen, die die wahrhaft Engstirnigen kennzeichnet, doch für den Augenblick

war Eckener in Sicherheit. Am 6. Mai 1936 startete die *Hindenburg* zu ihrem ersten Flug in die Vereinigten Staaten mit gründlich überholten Motoren, die nie wieder Probleme bereiteten.

Der Flug vom 6. Mai war etwas Besonderes für die Geschichte der Luftfahrt, da er den Beginn eines planmäßigen Flugverkehrs zwischen Europa und Nordamerika markierte. Dies war schon seit langem ein Traum der Konstrukteure großer Luftschiffe gewesen und mußte für die alte Garde in den Zeppelin-Werken einen besonders stolzen Augenblick

DIE *HINDENBURG* IM MAI 1936 BEI IHRER ANKUNFT IN LAKEHURST AUF EINEM IHRER FLÜGE IN DIE USA

darstellen. Das Flugfeld in Friedrichshafen war überfüllt von Reportern, Fotografen, Gästen, Bodenpersonal und Schaulustigen. Auch die örtliche Blasmusikkapelle wartete mit Musik auf, und es herrschte Volksfeststimmung.

Als die Sonne über dem historischen Flugfeld zu sinken begann, erhob sich die *Hindenburg* in die Lüfte. Ihre vier großen Motoren setzten ein, um sie mit ihren Propellern in Richtung der Neuen Welt zu steuern. Der Flug des Luftschiffes war so sanft, daß einige Fluggäste zunächst daran zweifelten, den Boden verlassen zu haben. Die Namen der Passagiere und der Offiziere befanden sich auf einer Liste, die unmittelbar nach dem Start verteilt wurde. Die Reisegäste stammten zum größten Teil aus dem, was man heute „Jet-Set" nennen würde, eine Mischung aus Adligen und Berühmtheiten, sowie einigen weniger bekannten Verlegern und Journalisten. An der Spitze der Liste stand Dr. Hugo Eckener, doch ohne Hinweis auf seine Position oder Rolle an Bord des Luftschiffes. Gleich darunter war Kapitän Ernst Lehmann mit dem etwas hoch gegriffenen Titel „Kommandant" angeführt. Offenkundig genoß Eckener keine Vorzugsstellung mehr, doch falls ihn das störte, so zeigte er es nicht. Für den Augenblick schien er damit zufrieden zu sein, auf seinem wunderbaren Schiff umherzuwandern und den Dank der restlichen Passagiere für seine Anstrengungen entgegenzunehmen, da sie mehr als glücklich darüber waren, an der 400 Dollar teuren Überfahrt nach Lakehurst teilzunehmen.

Die Reise über den Atlantik verlief ohne Zwischenfall, und 60 Stunden nach ihrem Start in Deutschland landete die *Hindenburg* um 6.10 Uhr in Lakehurst. Dies war der erste von 10 Flügen des großen Luftschiffes in die Vereinigten Staaten, bevor der Winter von 1936 einsetzte und Transatlantikflüge bis zum folgenden Frühjahr unterband. In ihrem ersten Flugjahr transportierte die *Hindenburg* insgesamt 1.600 Passagiere über den Atlantik, wobei sie über 320.000 Kilometer zurücklegte. Abgesehen von einigen kleineren Zwischenfällen, zum Beispiel als das Luftschiff beinahe in den Ozean gestürzt wäre und über Neufundland nur knapp einer Kollision in gefrierendem Nebel entging, verliefen diese Flüge bemerkenswert ruhig. Als ob er die Sicherheit seines Luftschiffes unterstreichen wollte, organisierte Hugo Eckener eine als „Flug der Millionäre" bekannt gewordene Reise.

Kurz vor ihrem letzten Rückflug nach Deutschland vor dem Winter lud Eckener 72 der Reichsten und Mächtigsten Amerikas (und damit

Als die Sonne über dem historischen Flugfeld zu sinken begann, erhob sich die Hindenburg *in die Lüfte. Ihre vier großen Propeller dirigierten sie in Richtung Neue Welt.*

LINKS: EINE MENSCHENMENGE VERFOLGT DEN START DES LUFTSCHIFFES IN FRANKFURT.

EINE FARBZEICHNUNG VON HANS
LISKA ZEIGT DIE *HINDENBURG*
ÜBER DEM REICHSSTADION
BEI DER ERÖFFNUNG DER
OLYMPISCHEN SPIELE 1936.

JESSE OWENS GEWANN BEI DEN
OLYMPISCHEN SPIELEN 1936
VIER GOLDMEDAILLEN.

der Welt) zu einem opulenten Mahl während eines 10-Stunden-Fluges ein. Das Aufsehen, das dieser Flug erzielte – mehrere millionenschwere Magnaten per Luftschiff zu befördern garantiert ausführlichste Berichterstattung –, unterstützte viele Menschen in ihrer Ansicht, daß planmäßige Luftschiffreisen über den Atlantik oder auch innerhalb des Landes eine realistische Zukunftsvision wären. Die Tatsache, daß die *Hindenburg* in ihrer ersten Saison fast ihre Produktionskosten erwirtschaften konnte, machte diese Idee um so plausibler. Nur wenige von denen, die mit der *Hindenburg* geflogen waren, zweifelten daran, daß die Zukunft des Passagierfluges den großen Luftschiffen gehörte. Viele erwarteten fieberhaft den Beginn der neuen Saison, um zu sehen, welche Wunder die ehemaligen Zeppelin-Werke für sie bereithielten. Doch in Deutschland hatten Hitler, Göring and Goebbels andere Pläne für die *Hindenburg*.

Jeder, der seine Seele dem Teufel verkauft, weiß, daß der Teufel eines Tages zurückkehrt, um seine Ansprüche geltend zu machen. Nachdem sie die Konstruktion der *Hindenburg* zu großen Teilen finanziert hatten, wollten die Nazis sehen, daß sich ihre Investition auch lohnte. Zunächst hatten sie, sehr zum Mißfallen Eckeners, ihr ehrloses Hakenkreuz auf das Luftschiff gemalt und sie mit der *Graf Zeppelin* auf eine Propagandatour geschickt. Nun befahlen sie die *Hindenburg* im August 1936 zur Eröffnung der Olympischen Spiele in Berlin.

Die Olympischen Spiele sollten eine große Schau des neuen Deutschlands werden, und Hitler erwartete ernsthaft, daß die natürliche Überlegenheit seiner arischen Athleten der Welt die Gültigkeit seiner faschistischen Ideologie beweisen würde. Die Welt erkannte immer mehr, welche Bedeutung die Ideologie der Nationalsozialisten in Wirklichkeit für diejenigen hatte, die von Hitler und seiner Gefolgschaft als minderwertig erachtet wurden. Viele Nationen boykottierten das Ereignis. Zudem wurden die nationalsozialistischen Ideale auf den Spielfeldern und Laufbahnen vernichtend geschlagen. Jesse Owens, ein schwarzer Amerikaner, bewies die Unrichtigkeit der Hitlerschen Ansichten: Er gewann vier Goldmedaillen gegen die übrigen Athleten.

Hitler setzte die *Hindenburg* weiterhin für Propagandazwecke ein und beorderte sie im September zum berüchtigten Nürnberger Parteitag. Als Hitler die versammelten Ränge der militarisierten Partei zum Marsch in ein neues Deutsches Reich hetzte, kreuzte Eckeners Traumschiff als unmißverständliches Machtsymbol der neuen Ordnung über der Menge.

Niemand konnte an Hitlers Botschaft an die Welt zweifeln: Hier ist unsere Technologie, und wie wir den Himmel beherrschen, so werden wir es auch mit der Welt tun.

DIE *HINDENBURG* WURDE ZUM BERÜCHTIGTEN NÜRNBERGER PARTEITAG IM SEPTEMBER 1936 ZWANGSWEISE VERPFLICHTET.

Kapitel 6

Das Ende eines Traums

HUGO ECKENER TRIFFT
PRÄSIDENT ROOSEVELT IN
WASHINGTON IM MAI 1936.

Niemand auf dem Landefeld konnte er-ahnen, daß der 6. Mai 1937 ein un-vergleichlicher Tag werden würde – ein Tag, an den sie sich ihr Leben lang erinnern sollten.

Ein Jahr zuvor war der großartigen *Hindenburg,* dem Stolz des Reiches, in Amerika ein begeisterter Empfang bereitet worden. Das Interesse der Presse war so groß gewesen, daß die Telefongesellschaft nicht genügend Leitungen für alle Journalisten, die aus Lakehurst berichten wollten, bereitstellen konnte. Nun waren, abgesehen von einer handvoll Einwohnern, die von den großen Zeitungen engagiert worden waren, um über das bereits Routine gewordene Ereignis zu berichten, nur eine Wochenschau-Mannschaft und einige Fotografen anwesend.

Die *Hindenburg* hatte die neue Saison 1937 mit zehn zusätzlichen Passagierkabinen begonnen. Wegen des andauernden amerikanischen Helium-Embargos mußte das Luftschiff nach wie vor mit Wasserstoff gefüllt werden. Zumindest konnte der zusätzliche Auftrieb, den der Wasserstoff verlieh, für den Einbau der neuen Quartiere genutzt werden. Doch das waren nicht alle Erneuerungen auf der *Hindenburg.*

DIE ENGE VERBINDUNG DER *HINDENBURG* MIT DER NSDAP MACHTE SIE ZUM POTENTIELLEN ZIEL FÜR ANTINATIONAL-SOZIALISTISCHE ANSCHLÄGE.

DIE *HINDENBURG* IM TIEFFLUG ÜBER DEN WOLKENKRATZERN VON NEW YORK AM 6. MAI 1937, NUR STUNDEN VOR IHRER VERHÄNGNIS-VOLLEN LANDUNG IN NEW JERSEY

Eckeners Luftschiff wurde nun von einem neuen Kapitän gesteuert, einem gewissen Max Pruß. Sein erster Auftrag war, die *Hindenburg* zu Beginn der Saison nach Rio de Janeiro zu fliegen. Die Reise verlief ohne Zwischenfall, und so bereitete sich alles auf die Wiederaufnahme der planmäßigen Transatlantikflüge nach Nordamerika vor, die am 3. Mai 1937 in Deutschland beginnen sollten.

Einige altbekannte Gesichter in der Deutschen Zeppelin-Reederei, Ernst Lehmann und Hugo Eckener, fanden sich nun in veränderten Rollen wieder. Lehmann hatte das Kommando über die Hindenburg ab-gegeben und konzentrierte sich nun auf seinen eigentlichen Aufgaben-

bereich, sich um Passagierangelegenheiten zu kümmern und die Ausbildung von Luftschiffmannschaften zu leiten. Hugo Eckener, dessen
Träume sich durch die Nazis langsam in Alpträume verwandelten, geriet
immer mehr ins Abseits. Obwohl er mehr für die Popularität des
regulären transatlantischen Flugschiffverkehrs getan hatte als jeder
andere, wurden seine Dienste nun nicht mehr benötigt. Auch wenn er
später von den Nazis auf eine Mission nach Amerika gesandt wurde, um
für sie in Vorbereitung für den Zweiten Weltkrieg ein großes Kontingent
an Helium zu organisieren, gehörte er eigentlich der Vergangenheit an.
Trotz seiner Beliebtheit bei den Luftschiffbegeisterten in aller Welt

hatte sein Konflikt mit den Nazis seine Karriere als Luftschiffkonstrukteur zerstört, und er sollte seine Tage in einer Maschinenfabrik
beenden.

Für jeden, der am 3. Mai zum Flug nach Nordamerika an Bord der
Hindenburg ging, schien alles völlig normal zu sein. Abgesehen von den
zusätzlichen Passagierkabinen, war das Luftschiff größtenteils unverändert geblieben. Es gab weniger Fluggäste als erwartet – nur 36, obwohl
die *Hindenburg* nun für 72 Menschen Platz bot. Doch die wachsende
politische Instabilität in Deutschland, geschürt durch anhaltende Gerüchte von einer möglichen Besetzung Österreichs durch die Truppen
Hitlers, veranlaßte viele, zu Hause zu bleiben.

Hinzu kam, daß es Bombendrohungen gab. Hitlers schamlose Bean-
spruchung der *Hindenburg* als Propagandawerkzeug hatte dazu geführt,
daß das Luftschiff nun verstärkt als Symbol der wachsenden Tyrannei
der NSDAP gesehen wurde. Viele hatten unter den Nationalsozialisten
gelitten, wiewohl noch viel mehr Menschen unvorstellbares Grauen
erleben sollten, bevor deren Herrschaft vorüber war. Die *Hindenburg*
bot sich als Ziel für Racheakte geradezu an. Es gab zwar strenge, aber
diskrete Sicherheitsmaßnahmen im neuen Hangar in Frankfurt, doch
die Möglichkeit eines Anschlags spukte in den Köpfen der Mannschaft,
als sie sich am 3. Mai auf den Start vorbereitete.

Die Überquerung des Atlantiks verlief ohne Zwischenfall; es befanden sich sogar einige Passagiere an Bord, die über den Mangel an
Aufregung während der Reise fast enttäuscht waren. Das Wetter war
zwar schlecht, doch hatte es nicht die Stürme und Unwetter gegeben,
an denen ein abenteuerlustiger Reisender interessiert war. Es herrschte
graues Wetter: langweilig, bedeckt und feucht. Der ständige Gegenwind
hatte die Fahrt des mächtigen Luftschiffes verlangsamt, und als die
Hindenburg sich der Küste Nordamerikas näherte, nahm der Wind an
Stärke zu.

Die *Hindenburg* hätte um 6.00 Uhr morgens auf dem Landefeld in
Lakehurst ankommen sollen, doch die Chancen auf eine pünktliche
Ankunft standen ziemlich schlecht. Zum Glück warnte Kapitän Pruß
Lakehurst per Funk, daß sie sich bei der gegenwärtigen Geschwindig-
keit um bis zu zwölf Stunden verspäten würde.

Trotz des zunehmend schlechten Wetters schien niemand an Bord
der *Hindenburg* besonders beunruhigt zu sein. Dies könnte an der über-
wältigenden Anwesenheit von so vielen erfahrenen Luftschiffexperten

unter der Mannschaft gelegen haben. Neben Kapitän Pruß war auch Ernst Lehmann als Beobachter für Pruß' ersten Nordamerikaflug an Bord, sowie weitere drei Luftschiffkapitäne: Kapitän Anton Wittemann, ebenfalls als Beobachter, Kapitän Albert Sammt als Erster Offizier und Kapitän Heinrich Bauer als Zweiter Offizier.

Die Beschwerden der Passagiere über die verspätete Ankunft des Luftschiffes gerieten schnell in Vergessenheit, als sie durch einen Spalt in der Wolkendecke einen Blick auf Boston werfen konnten. Zur gleichen Zeit machte sich die Belegschaft in Lakehurst bereit für die Landung der *Hindenburg*. Die letzte Korrektur der Ankunftszeit gab an, daß das Luftschiff gegen 16.00 Uhr anlegen würde.

Das Wetter klarte im Tagesverlauf ein wenig auf, und gegen 15.00 Uhr beschloß Kapitän Pruß, New York in geringer Höhe zu überfliegen. Während die Passagiere einen einzigartigen, unvergleichlichen Ausblick auf die Sehenswürdigkeiten der Stadt genossen, informierte Kapitän Pruß den Stützpunktkommandanten in Lakehurst, Charles Rosendahl, daß er die durch den Gegenwind verlorene Zeit wettmachen wollte, indem er zum frühestmöglichen Zeitpunkt nach Frankfurt zurückkehrte – idealerweise vor Mitternacht. Rosendahl verstand den Wunsch des Kapitäns, die verlorene Zeit aufzuholen, sehr wohl, wußte jedoch, daß sich die Sturmfront Lakehurst näherte und ein Rückflug vor dem folgenden Tag nahezu unmöglich sei.

Nach einer schier endlosen Wartezeit kam das große Luftschiff schließlich kurz vor 16.00 Uhr über Lakehurst in Sicht. Ein Aufatmen ging durch die kleine Menge Menschen, die gespannt die Ankunft ihrer Angehörigen erwarteten oder einfach nur für den Rückflug an Bord der *Hindenburg* gehen wollten. Denn viele von denen, die den Rückflug auf der *Hindenburg* gebucht hatten, wollten an der Krönungszeremonie für König George VI. teilnehmen, der dem kürzlich abgedankten Edward nachfolgte.

In diesem Augenblick brach ein schreckliches Gewitter herein, das den Boden unter den Füßen der wartenden Menge erzittern ließ. Die Menschen suchten

VIELE VON DENEN, DIE DIE RÜCKREISE AUF DER *HINDENBURG* GEBUCHT HATTEN, WOLLTEN AN DER KRÖNUNG VON GEORGE VI. IN LONDON TEILNEHMEN.

Schließlich verstummten die Motoren. Für einen Moment hielten am Boden alle den Atem an.

vor dem strömenden Regen Schutz und sahen dann zu, wie sich das Luftschiff vom Ankermast entfernte. Der Wind wütete nun mit rasender Geschwindigkeit, worauf Kapitän Pruß entschied, jeden Landeversuch aufzuschieben. Er wußte, daß sein Luftschiff im Sturm schwer zu manövrieren war und wollte eine Landung unter solch gefährlichen Bedingungen nicht riskieren.

Pruß kannte die Risiken eines solchen Unterfangens. Er hatte gelernt, das Schiff, das nun unter seiner Kontrolle stand, zu respektieren und bis zu einem gewissen Grad auch zu fürchten. Seit der Jahrhundertwende hatten die Franzosen, die Briten und die Amerikaner bei Luftschiffunfällen große Verluste erlitten. Frankreich war eines in der Luft explodiert, Großbritannien mußte zwei Schiffe abstürzen und verbrennen sehen, und Amerika verlor alle seine drei großen Luftschiffe bei schrecklichen Unfällen. Deutschland konnte als einziges Land der Welt eine perfekte Sicherheitsstatistik vorweisen. Nicht ein einziges der anmutigen, majestätischen Luftschiffe war bei einem Unglück verloren gegangen. Auch während des Ersten Weltkrieges und trotz der Verwendung des hochexplosiven Wasserstoffs kam niemand bei einem Zwischenfall ums Leben. Kapitän Pruß war entschlossen, nicht der erste deutsche Offizier zu werden, der ein Luftschiff verliert.

Er entschied, das Gewitter abzuwarten und setzte Kurs nach Südosten, bevor er umkehrte und nach Lakehurst zurückflog, in der Hoffnung, nun sicher landen zu können. Kurz vor 18.15 Uhr empfing er eine Nachricht von Kommandant Rosendahl, daß die Bedingungen nun gut genug für eine Landung seien. Zu dieser Zeit befand sich die *Hindenburg* etwa 23 Kilometer südlich von Lakehurst. Kommandant Rosendahl drängte darauf, das Luftschiff zu Boden und die Passagiere von Bord zu bringen, solange sich die Gelegenheit dazu bot.

Als die *Hindenburg* in Lakehurst ankam, wurden die Menschen am Boden ziemlich ungeduldig. Die meisten von ihnen hatten seit der planmäßigen Ankunft um 6.00 Uhr früh gewartet, und nun war es nach 19.00 Uhr abends. Das entsetzliche Wetter hatte wenig zur Hebung ihrer Stimmung beigetragen, die nun in echte Feindseligkeit umschlug. Das Bodenpersonal, das darauf achtete, sich von den aufgebrachten Wartenden fernzuhalten, traf die Vorbereitungen für die Landung. Auch sie waren vom langen Warten angespannt.

Jeder an Bord der *Hindenburg* war mit der aufregenden Landung beschäftigt, nicht zuletzt die Mannschaft. Aus irgendeinem Grund schienen die Bordinstrumente anzuzeigen, daß die *Hindenburg* etwa eine Tonne hecklastig war. Obwohl über eine Tonne Wasserballast abgeworfen wurde – einiges davon auf die bereits durchnäßten Zuschauer darunter – blieb das Heck zu schwer, so daß einige Männer in den Bug geschickt wurden, um das Übergewicht auszugleichen.

In den nächsten 20 Minuten wurde die *Hindenburg* in Position neben den Ankermast gebracht, während ihre schweren Ankertaue bereits über den Boden schleiften. Das Wetter hatte sich stark gebessert, und das Gewitter von vorher war nun in ein Nieseln und eine sanfte, aber beständige Brise übergegangen.

Schließlich verstummten die Motoren. Für einen Moment hielten am Boden alle den Atem an, in Ehrfurcht erstarrt angesichts des Wunders, das in der Luft über ihnen zu schweben schien, als hätte es die Gesetze der Natur überwunden. Dann geschah das Unfaßbare.

DIE MENSCHEN DUCKEN SICH UNGLÄUBIG, ALS DAS LUFTSCHIFF ÜBER IHREN KÖPFEN EXPLODIERT.

EINE FOLGE VON FOTOGRAFIEN, AUFGENOMMEN WÄHREND DER KATASTROPHE, DIE INSGESAMT NUR 34 SEKUNDEN DAUERTE.

Es begann als Funke, als kleine Ladung statischer Elektrizität, die sich in einem kleinen Gasleck an der Oberseite des Luftschiffes mit dem Wasserstoff verband. Die Funken tanzten über die Oberfläche des Zeppelins, bevor die Vereinigung von Funke und Gas explodierte und binnen eines Augenblicks zum tödlichen Feuer wurde. Das Schiff, das so souverän geschwebt war, durchlief ein leichtes Zittern. Die Mannschaft tauschte angstvolle Blicke. Sie wußten alle, was es war, doch niemand wagte, es auszusprechen.

Innerhalb von Sekunden breitete sich das Feuer im halben Schiff aus. Das Inferno war so grell, daß die Umgebung taghell erleuchtet war. Verwirrte Passagiere, die noch immer ihren Liebsten auf dem Landefeld winkten, hatten fast Zeit, sich darüber zu wundern, warum die Menschen dort unten in Deckung liefen, bevor die *Hindenburg* gewaltig aufwärts geschleudert wurde.

Die Panik an Bord war vollständig und absolut. Alle waren mit der unvorstellbar grausamen Wahl konfrontiert, entweder mit dem Schiff zu verbrennen oder sich in den sicheren Tod zu stürzen. Plötzlich trafen das Schicksal und die Natur für sie die Entscheidung.

Das Schiff krachte Heck voran mit einem schrecklichen Knirschen zu Boden. Beim Aufprall spritzte geschmolzenes Aluminium umher, als der Rest des Schiffes abstürzte. Unglaublicherweise tauchten Menschen aus den Flammen auf. Einige schafften ein paar Schritte, bevor sie starben, ihre Körper bis zur Unkenntlichkeit verbrannt. Andere hatten den Absturz zwar überlebt, wurden dann aber von den Flammen des brennenden Wracks verzehrt. Nur wenige entkamen dem grausamen Inferno. Das schreckliche Ereignis dauerte vom Funken bis zum Absturz nur 34 Sekunden.

Die Panik an Bord war vollständig und absolut.

ALS DAS LUFTSCHIFF IN FLAMMEN UND RAUCH AUFGING, VERSUCHTEN ÜBERLEBENDE, AUS DEM WRACK ZU ENTKOMMEN.

In einer halben Minute war das Schicksal der Luftschiffindustrie besiegelt. Als sich die Nachricht vom Unglück verbreitete, begleitet von schrecklichen Wochenschauberichten, erstarb das Interesse an Luftschiffflügen. Innerhalb von zwei Jahren wurden die meisten Routen, die von den mächtigen Luftschiffen befahren worden waren, von den neuen Flugzeuggesellschaften übernommen. Was als schönster aller Träume begonnen hatte, endete in einem Alptraum aus verbeultem Metall und verkohlten Leichen. Nachfolgenden Generationen blieb der atemberaubende Anblick eines majestätischen Luftschiffes auf seiner eleganten Fahrt durch den Himmel verwehrt. Diese riesigen Kreuzschiffe der Lüfte, wie die Dinosaurier den Museen und Geschichtsbüchern übergeben, würden niemals von denen bestaunt werden, die sich diese Zeiten nur vorstellen konnten wie den Flug eines Pterodactylus, als diese großartigen Vögel den Himmel beherrschten.

Der Morgen des 7. Mai 1937 war niederschmetternd. Im Morgengrauen wurde das volle Ausmaß der Katastrophe in Lakehurst erst sichtbar. Nur 200 Meter vom Ankermast entfernt lag das ausgebrannte Wrack der *Hindenburg,* nun nur noch ein nacktes Skelett aus geschwärztem Metall. Heinrich Bauer, Zweiter Offizier der *Hindenburg,* war als erster am Unglücksort. Nachdem er der höchste Offizier war, der sich noch am Leben befand, fühlte er sich verpflichtet, das Wrack nach Hinweisen zu durchsuchen, was den Absturz verursacht haben könnte. Obwohl das Luftschiff erst 12 Stunden zuvor abgestürzt war, verbreiteten sich bereits dunkle Gerüchte darüber, daß die *Hindenburg* durch Sabotage zerstört worden sei.

In Europa äußerte Hugo Eckener bereits Vermutungen, die *Hindenburg* wäre von Gegnern der Nazis zum Absturz gebracht worden, doch er wurde von Hitlers Luftfahrtsminister Hermann Göring rasch ruhiggestellt. Göring und Hitler waren entschlossen, jeglichen Hinweis darauf zu vertuschen, daß es eine antinazistische Opposition in Deutschland gäbe. Solange die Gerüchte von einem Terrorakt umgingen, war es schwierig, der zunehmend skeptischeren Welt das Bild eines geeinten Deutschland zu präsentieren. Noch bevor sie mit unwiderlegbaren Beweisen für Sabotage konfrontiert wurden, zogen sie es vor, die *Graf Zeppelin* aus Rio de Janeiro zurückzubeordern und stillzulegen.

In New Jersey wurde Ernst Lehmann an seinem Sterbebett von Kommandant Rosendahl besucht, einem vertrauten Freund, Offizierskollegen und großen Fürsprecher des Luftschiffes. Lehmanns letzte

LINKS: ALLES, WAS AM FOLGENDEN TAG NOCH ZU SEHEN WAR, WAR DAS AUSGEBRANNTE WRACK.

Nur 200 Meter vom Ankermast entfernt lag das ausgebrannte Wrack der Hindenburg, *nun nur noch ein nacktes Skelett aus geschwärztem Metall.*

DER RAHMEN DER *HINDENBURG* BLIEB WÄHREND DER UNTER-SUCHUNGEN STÄNDIG BEWACHT.

Worte gaben seiner Überzeugung Ausdruck, daß nur ein Sabotageakt die *Hindenburg* zum Absturz gebracht haben könnte, in diesem Fall eine Bombe. Die Tatsache, daß das Luftschiff mehr als 13 Stunden Verspätung hatte, verlieh der Bombentheorie eine gewisse Glaubwürdigkeit. Jeder Terrorist mußte angenommen haben, daß er bereits wieder am Boden und weit weg sein würde, wenn die Bombe hochginge. Aufgrund dieser Vermutung stellte das FBI Nachforschungen über sämtliche Passagiere und Mannschaftsmitglieder an, die einen Grund gehabt haben könnten, einen Anschlag zu verüben. Weil diese Ermittlungen eher halbherzig durchgeführt wurden, wurde behauptet, das FBI hätte kein Interesse daran, die Wahrheit aufzudecken, doch das mag unfair sein. Angesichts der Tatsache, daß sich der Bombenleger, wenn es einen gegeben hatte, während der Explosion an Bord befunden haben mußte, war es sehr wahrscheinlich, daß er tot war. Das FBI ermittelte speziell gegen einen Passagier, einen Clown-Akrobaten namens Joseph Späh. Späh, ein Deutschnationaler, hatte aus Deutschland einen Hund für seine Kinder mitgebracht, die mit ihrer Mutter auf Long Island lebten. Obwohl Passagiere üblicherweise nicht ohne Begleitung eines Besatzungsmitgliedes ins Schiffsinnere vorgelassen wurden, hatte Späh seinen Hund, der im Frachtraum transportiert wurde, so oft besucht, daß man aufgegeben hatte, ihn dabei zu beobachten. Trotz aller Bemühungen konnte das FBI jedoch keine stichhaltigen Beweise für die Theorie finden, daß die *Hindenburg* durch einen Bombenanschlag zum Absturz gebracht wurde.

Weil keine offensichtliche Ursache für die Explosion gefunden werden konnte, wurde schließlich ein Untersuchungsteam aus deutschen und amerikanischen Experten darauf angesetzt. Die Leitung übernahm Colonel South Trimble Jr. Die Deutschen entsandten Hugo Eckener, Ludwig Dürr, den Chefkonstrukteur der *Hindenburg*, und einen Experten für Elektrostatik, Professor Max Dieckmann.

Dieckmanns Anwesenheit war ein deutliches Zeichen dafür, in welche Richtung die Untersuchungen gehen würden. Nachdem die Deutschen nicht bereit waren, die Möglichkeit eines Sabotageaktes auch nur

Der Heckteil ging in Flammen auf, und binnen Sekunden breitete sich das Feuer über die ganze Länge aus.

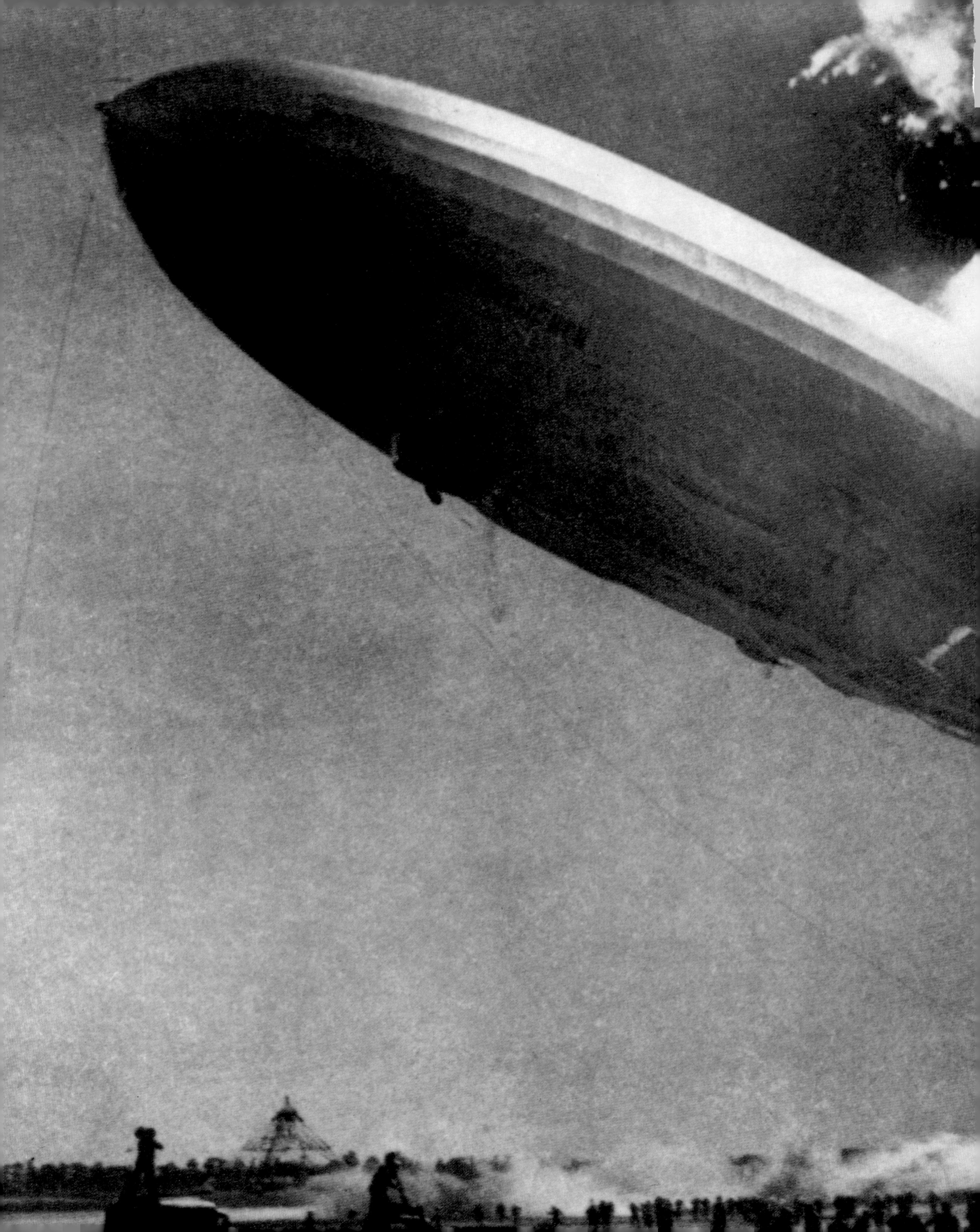

KNAPP EINE HALBE MINUTE SPÄTER STÜRZTE DAS BRENNENDE LUFTSCHIFF ZU BODEN.

in Erwägung zu ziehen und das FBI keinen Beweis für eine solche Theorie finden konnte, mußte eine andere Ursache gefunden werden. Laut Augenzeugen war die *Hindenburg* nicht von einem Blitz getroffen worden. Obwohl kurz vor der Landung noch ein Gewitter stattgefunden hatte, hatte sich das Wetter aufgeklärt. Nachdem nun sowohl Sabotage als auch Blitzschlag ausgeschlossen waren, blieb nur eine Möglichkeit übrig: eine Wasserstoffexplosion infolge elektrostatischer Entladung. Doch wie hatte die Elektrizität den Wasserstoff erreicht?

Während seiner Ermittlungen erfuhr das Untersuchungsteam von der großen Menge an Ballast, die kurz vor der Landung abgeworfen worden war, um ein unvermittelt aufgetretenes Ungleichgewicht am Heck auszubalancieren. Eckener vermutete in seinem Bericht, daß das plötzliche Übergewicht durch ein Leck in einer der hinteren Gaszellen verursacht worden war. Als möglichen Grund für ein Leck nannte er die Wende, die Kapitän Pruß bei voller Geschwindigkeit kurz vor der letzten Annäherung an den Ankermast durchgeführt hatte. Dadurch könnte einer der gewundenen Drähte, die die Struktur des Luftschiffes zusammenhielten, aufgeschnappt sein und dabei eine der Gaszellen aufgerissen haben. Dies erklärte, woher das Wasserstoffgas gekommen sein könnte, doch woher stammte der nötige zündende Funke? Hier setzte Professor Max Dieckmann, Experte für alle Fragen der Elektrostatik, ein.

Auch wenn während der Landung keine Blitze zu sehen waren, so merkte Dieckmann an, sei durch das Gewitter ein Unterschied zwischen der elektrischen Ladung der Wolken über dem Luftschiff und der des Bodens darunter entstanden. Dieser Ladungsunterschied wäre kein Problem für das Luftschiff gewesen, wenn es nicht auf irgendeine Art geerdet worden wäre. Unglücklicherweise hatte Kapitän Pruß Unmengen von Wasserballast abwerfen lassen, während die Ankertaue bereits den nassen Boden berührten. Auf diese Weise wurden sie zu elektrischen Leitern. Nachdem das Luftschiff nun die gleiche Ladung wie der Boden besaß, waren die Bedingungen ideal für eine elektrische Entladung zwischen Atmosphäre und Schiff. Unter diesen Umständen war es nur noch eine Frage der Zeit, bis der elektrische Funke das ausgetretene Wasserstoffgas erreichte und die *Hindenburg* zusammen mit dem Traum eines von Luftschiffen erfüllten Himmels ein jähes und tödliches Ende fand.

Die amerikanischen Ermittler stimmten in ihrem Bericht größtenteils mit den Schlußfolgerungen von Eckener and Dieckmann überein. Bis heute gibt es die verschiedensten Theorien über die „wahre" Ursache für die Zerstörung der *Hindenburg*. Was auch immer die Ursache für diese Katastrophe gewesen sein mochte: Auf Grund der vielen Opfer konnte die Welt Luftschiffe nie wieder so sehen wie einst. Die Zeiten der zivilen Luftschiffahrt waren mit diesem Ereignis endgültig vorbei.

> *Es war nur noch eine Frage der Zeit, bis der elektrische Funke das austretende Wasserstoffgas erreichte und die* Hindenburg *zusammen mit dem Traum eines von Luftschiffen erfüllten Himmels ein jähes und tödliches Ende fand.*

Kapitel 7

Das Vermächtnis

EIN JAHR NACH DEM ABSTURZ DER *HINDENBURG* BEJUBELT DIE MENGE DEN START DER *LZ130*, DER *GRAF ZEPPELIN II*.

Hermann Göring war nicht zimperlich, als er seine Ansichten über Luftschiffe äußerte: er nannte sie „Gasbeutel". Als Luftfahrtsminister unter Adolf Hitler mußte er sich jedoch mit dem fast schon wunderlichen Interesse seines Führers an Luftschiffen abfinden.

Auch wenn er den verschlagenen Joseph Goebbels verachtete, mußte er den Propagandawert der *Hindenburg* und ihres Schwesterschiffes, der *Graf Zeppelin*, anerkennen. Man könnte denken, daß Göring die Gelegenheit, die sich durch die Zerstörung der *Hindenburg* bot, nutzte, um Luftschiffe ein- für allemal abzuschaffen, doch seine Reaktion war genau gegenteiliger Art.

Mit zusammengebissenen Zähnen erklärte er Hugo Eckener, daß Deutschland gerade jetzt mit dem Bau von Luftschiffen fortfahren mußte. Das Vaterland konnte nicht dulden, daß sein Luftfahrtprogramm durch ein spektakuläres Versagen im Ausland beendet würde. Görings Naturell konnte nicht akzeptieren, daß die ganze Welt dabei zugesehen hatte, wie das große Symbol der Macht des Dritten Reiches abstürzte und verbrannte. Denn dies war das erste jemals für ein weltweites Kinopublikum auf Film gebannte Luftfahrtsunglück.

Als die *Hindenburg* abstürzte, war bereits ein weiteres deutsches Luftschiff in Produktion, *LZ130* genannt. Seine Konstruktion war fast identisch mit der der *Hindenburg*. Angesichts des Unfalls in Lakehurst wollte jedoch niemand mehr eine Wasserstoffexplosion riskieren. Also wurde beschlossen, die *LZ130* so umzubauen, daß sie mit Helium gefüllt werden konnte. Das einzige Problem war, das Helium aufzutreiben. Zu guter Letzt schienen die Nazis doch eine Verwendungsmöglichkeit für Hugo Eckener gefunden zu haben. Der König der Luftschiffe wurde mit dem Gesuch nach Amerika entsandt, den Export von Helium für nicht-militärische Zwecke zu genehmigen. In der Zwischenzeit wurden die nötigen Änderungen an der *LZ130* vorgenommen, was eine Reduzierung der Kabinenkapazität von ursprünglich 72 auf 40 Passagiere beinhaltete. Damit war klar, daß die *LZ130* niemals Profit erwirtschaften würde – an Bord war einfach nicht genug Platz für zahlende Gäste. Doch Profit interessierte jetzt niemanden mehr. Man wollte nur, daß wieder ein deutsches Luftschiff den Himmel beherrschte – diesmal allerdings ein sicheres.

Eckener hatte Erfolg mit seinen Bemühungen, die Amerikaner zu einer Lockerung der Exportbeschränkungen zu bewegen, doch bevor das Luft-

HAROLD ICKES, US-STAATSEKRETÄR FÜR INNERES, VERBOT DEN EXPORT VON HELIUM, WEIL ER BEFÜRCHTETE, HITLER WÜRDE ES FÜR MILITÄRISCHE LUFTSCHIFFE EINSETZEN.

KLEINE PRALL-LUFTSCHIFFE (BLIMPS) KAMEN IN DEN 50ER JAHREN ALS TEIL DES FRÜHWARNSYSTEMS WÄHREND DES KALTEN KRIEGES KURZE ZEIT ZUM EINSATZ.

schiff 1938 fertiggestellt war, marschierten deutsche Truppen in Österreich ein. Für die Welt bestanden an den Expansionsplänen Adolf Hitlers keine Zweifel mehr. Harold L. Ickes, US-Staatssekretär für Inneres, war überzeugt, daß das Helium, das für die *LZ130* gedacht war, für militärische Zwecke mißbraucht werden würde, und verweigerte die Ausfuhr aus Texas. Obwohl sie sich dessen bewußt waren, daß nur wenige bereit wären, als Passagiere an Bord eines wasserstoffgefüllten Luftschiffs zu reisen, füllten die Deutschen die *LZ130* mit dem hochexplosiven Gas und verlautbarten, daß sie für Trainingszwecke eingesetzt würde, bis die Amerikaner bereit wären, ihr Helium zu teilen.

Die *LZ130*, nun *Graf Zeppelin II* genannt, war in Wahrheit als Propagandawerkzeug und zum Ausspionieren der Verteidigung anderer europäischer Staaten gedacht. Als 1939 schließlich der Zweite Weltkrieg begann, hatten die Amerikaner das Helium, das die *Graf Zeppelin II* zu einer kriegstauglichen Luftwaffe gemacht hätte, noch immer nicht ausgehändigt. Bevor irgendein wasserstoffgefülltes Luftschiff spektakulär von den Alliierten abgeschossen würde, ließ Hermann Göring lieber sämtliche deutschen Luftschiffe, einschließlich der *Graf Zeppelin I* und *II*, zerlegen, um sie als Rohmaterial für Kampfflugzeuge zu benutzen. Am 6. Mai 1940 fügte Göring noch eine weitere Brüskierung hinzu, als

er die Hangars in Frankfurt in die Luft jagen ließ – drei Jahre nachdem die *Hindenburg* über Lakehurst in Flammen aufgegangen war. Die Luftschiffhangars in Friedrichshafen fielen dann 1944 den Bombenangriffen der Alliierten zum Opfer. Die hochqualifizierten Handwerker, die für die Produktion der wunderbaren Zeppeline verantwortlich waren, wurden beim Bau der gefürchteten V2-Raketen eingesetzt. Deutschland, das so lange führend in der Luftschiffkonstruktion gewesen war, gab den Bau von Luftschiffen auf, um sich auf die Herstellung von Kampfflugzeugen zu konzentrieren. Der Traum war endgültig vorüber.

Obwohl die Alliierten im Zweiten Weltkrieg beschränkte Einsatzmöglichkeiten für Luftschiffe fanden, meistens als gegen U-Boote gerichteter Begleitschutz für transatlantische Geleitzüge, war das Zeitalter der Luftschiffe als ernsthafte Konkurrenz zu Flugzeugen endgültig vorbei. Kurz nach dem Krieg fragte Goodyear bei Hugo Eckener um Unterstützung bei der geplanten Konstruktion eines massiven, heliumgefüllten Luftschiffes an. Mit 250 Metern Länge und einer Gaskapazität von 283.000 Kubikmetern wäre das geplante Luftschiff ein wahrhaft majestätischer Anblick über New York gewesen, doch es sollte nicht sein. Die Welt war einfach nicht mehr an großen Luftschiffen interessiert.

In den 50er Jahren wurden Prall-Luftschiffe (Blimps) für militärische Zwecke eingesetzt. Im Unterschied zu Starr-Luftschiffen erhalten sie ihre Form durch den inneren Gasdruck, während Starr-Luftschiffe durch ein Gerüst aus Leichtmetall gestützt werden. Im Koreakrieg setzten die Amerikaner für Aufklärungsmissionen Prall-Luftschiffe ein, und als der Kalte Krieg begann, wurden mit Frühwarnradarsystemen ausgerüstete kleine Blimps ausgeschickt, die Angriffe sowjetischer Nuklearbomber ausmachen sollten. In dieser Periode wurde auch der größte Blimp der US-Armee gebaut. Die ZPG-3W hatte ein Gasvolumen von 42.500 Kubikmetern und war knapp über 120 Meter lang. Obwohl die US-Marine vier von diesen Blimps baute, führten die Veränderungen in der Art etwaiger nuklearer Kriegsführung zur Einstellung des gesamten Prall-Luftschiffprogrammes. Unter der Annahme, daß die Sowjetunion Amerika mit Interkontinentalraketen und nicht mit Atomwaffen an Bord großer Bomber angreifen würde, schien dieser Schritt nur logisch. Diese Entscheidung bedeutete das Ende des militärischen Einsatzes von Luftschiffen in der ganzen Welt. In den 60er Jahren sank die Zahl der Luftschiffe auf ein alarmierendes Maß. 1962 waren weltweit nur noch zwei im Einsatz, und diese waren Prall-Luftschiffe.

Die ökonomische Krise der 70er Jahre kam für viele überraschend, da man geglaubt hatte, die Rohstoffreserven der Welt wären unerschöpflich. Jahrzehntelang wurden Autos mit billigem Benzin gefüllt, im sicheren Wissen, daß es immer genug Erdöl geben würde. Als die ölproduzierenden Länder die Preise drastisch erhöhten, wurde erneut nach billigeren und weniger erdölabhängigen Transportmöglichkeiten gesucht. Flugzeuge mögen stark und schnell sein, doch sie benötigen während der ersten Flugstunde mehr Benzin als ein Luftschiff für eine Reise von mehreren tausend Kilometern. Angesichts dessen setzten Regierungen in der ganzen Welt Prämien für die Entwicklung eines billigeren, alternativen Transportmittels aus. Schon bald wurden völlig neue Luftschiffentwürfe angepriesen, unter anderem ein Luftschiff, das so groß gewesen wäre, daß man es in einem Canyon – unter einem provisorischen Dach – hätte bauen müssen, da die Kosten für einen entsprechenden Hangar das Projekt unfinanzierbar gemacht hätten.

Eine realistischere und sicherlich interessantere Entwicklung einiger Ingenieure waren Hybridkonstruktionen. Solche Konstruktionen waren entweder eine Kombination aus Luftschiff und Flugzeug oder aus Luftschiff und Hubschrauber.

Frank Piasecki, der Konstrukteur des Heli-Stat genannten Entwurfes, wollte den Auftrieb eines Luftschiffes mit der Manövrierfähigkeit eines Helikopters kombinieren. Dazu verband er vier Hubschrauber mit einem alten Marine-Kleinluftschiff. Die Idee schien plausibel, doch während eines Testflu-

EINE DER VIELEN TÖDLICHEN RAKETEN, DIE VON FRÜHEREN ZEPPELIN-ARBEITERN HERGESTELLT WURDE.

ges im Juli 1986 in Lakehurst endete ein Fehler des Piloten mit vier Verletzten und einem Toten. Der Heli-Stat wurde nie wieder geflogen.

Es gab noch mehrere Versuche mit Hybridentwürfen, doch die meisten kamen über das Zeichenbrett nicht hinaus oder versagten beim Start. Manche, wie das bizarr anmutende Cyclo-Crane, erlitten sogar das unwürdige Schicksal, als Kuriosität in einem Museum zu enden.

Erst der bevorstehende Jahrtausendwechsel erwies sich als Ansporn für die Ideen von Konstrukteuren und Wissenschaftlern in der ganzen Welt. Erstmals seit über 60 Jahren spricht man wieder von einem neuen Zeitalter der Luftschiffe – und diesmal scheint es Wirklichkeit zu werden. In zehn Ländern sind 15 verschiedene Firmen damit beschäftigt, neue und vor allem sichere Luftschiffe zu konstruieren und zu bauen.

Führend dabei ist die südafrikanische Hamilton Airship Company. Sie benannten ihr neues, robustes Luftschiff *Nelson*, zu Ehren des damaligen Präsidenten Nelson Mandela. Sie ist beeindruckende 140 Me-

DAS AERO-STAT WAR EINE HYBRIDKONSTRUKTION: TEILS LUFTSCHIFF, TEILS FLUGZEUG

ter lang und wurde mit einem Seitenblick auf die Pracht der großen Tage des Zeppelins entworfen. Die Passagiere werden in Luxuskabinen untergebracht, können aber auch auf den drei Aussichtsdecks, in den Restaurants und Cocktailbars umhergehen. Das erklärte Ziel des Herstellers ist, ein Luftschiff zu bauen, mit dem eine neue Ära der sicheren Luftfahrt eröffnet wird.

Der Betrieb der *Nelson* kommt billiger als der einer Boeing 747, und sie wurde so konstruiert, daß sie Windgeschwindigkeiten von über 160 Stundenkilometern widerstehen kann. Als weitere Sicherheitsvorkehrung wurde der größte Teil des Schiffes aus einer Mischung aus Karbonfiber und Kevlar konstruiert, die als Hülle für das Helium verwendet wird. Aufgrund des einzigartigen Andocksystems benötigt die *Nelson* zum Landen nicht mehr Platz als ein Hubschrauber. Mit einer Reichweite von fast 10.000 Kilometern und der Fähigkeit, 112 Stunden lang in der Luft zu bleiben, ist die *Nelson* als ziviles Kreuzfahrt-Luftschiff gedacht. Aber auch militärisch ist die *Nelson* interessant, da sie eine enorme Beförderungskapazität besitzt, um Truppen und Ausrüstung an einen Kriegsschauplatz zu transportieren.

Mit über sechs Jahren Entwicklungszeit durch Lockheed Martin — ein Unternehmen, das üblicherweise mit Stealth-Fluggeräten in Verbindung gebracht wird — ist das Aerocraft das ambitionierteste, jemals in Angriff genommene Projekt eines Luftschiff/Flugzeug-Hybriden. Es wurde entworfen, um große Mengen an militärischem Gerät rasch zu verteilen, und ist ein Superblimp in jeder Hinsicht. Mit fast 245 Metern Länge und 76 Metern Breite hat das Aerocraft die Tragkraft von 14 Boeing 747. Das erreicht es durch die Kombination alter und neuer Technologien.

Der obere Teil des Aerocraft besteht aus einer Leichtgewicht-Oberfläche, die Tausende kleine, mit Helium gefüllte Taschen enthält, wie bei einem konventionellen Luftschiff. Der untere Teil ähnelt einem gewöhnlichen, wenn auch sehr grossen Flugzeug. Der Hybride wird von

DAS CYCLO-CRANE — EIN GENIALER ENTWURF, DER NIEMALS ABHOB.

vier Neigungsrotor-Maschinen angetrieben, die, wie ihr Name schon sagt, sowohl den Vorwärtsschub als auch die Flughöhe steuern können. Das Aerocraft kann 500 Tonnen Militärgerät aufnehmen, vor allem Panzer und schwere Artillerie. Einwände, daß das Luftschiff besonders leicht durch Angriffe verwundbar wäre, wurden durch eine bemerkenswert kurze, aber überzeugende Demonstration beseitigt, bei der ein britischer Soldat 40 Schüsse auf das Gefährt abgab, ohne ernsten Schaden anzurichten.

HEUTIGE LUFTSCHIFFE WERDEN MEIST ZU WERBEZWECKEN VERWENDET; DIESES SCHWEBT ANMUTIG ÜBER DEM ROSEBOWL-STADION IN PASADENA, KALIFORNIEN.

Ebenfalls unter Beobachtung des Militärs steht die Produktion eines neuen Luftschiffes durch die Airship Technologies Group in Großbritannien. Bei ihrer Fertigstellung wird die *AT-04* das größte jemals gebaute Luftschiff seit dem Fall der *Hindenburg* 1937 sein. Obwohl sie hauptsächlich für militärische Zwecke entworfen wurde, kann die *AT-04* für den zivilen Passagierflug umgerüstet werden.

Sie wird aus modernen, leichtgewichtigen, superstarken Materialien erbaut, hat die Höhe eines mehrstöckigen Hauses, ist 82 Meter lang und faßt 14.000 Kubimeter Helium. Drei 350-PS-Motoren mit reversiblen Propellern treiben sie an, wodurch sie eine Reisegeschwindigkeit von 80 Kilometern pro Stunde und eine Spitzengeschwindigkeit von 130 Stundenkilometer erreicht. Eine der Maschinen soll am Heck des Schiffes angebracht werden, die beiden anderen an den Seiten der 18 Meter langen Gondel. Jeder Motor kann um 90 Grad gedreht werden, um die Manövrierfähigkeit bei geringen Geschwindigkeiten zu unterstützen.

Einzigartig wird ein sogenannter Bogenschub sein. In Kombination mit den drehbaren Motoren erlaubt diese Vorrichtung der Besatzung eine genaue Kontrolle über das Luftschiff. Durch dieses Zusatzgerät kann die *AT-04* ohne Unterstützung durch Bodenpersonal gelandet werden.

Während der Fahrt wird die *AT-04* nur den Heckmotor benutzen. Dies hat den doppelten Vorteil, daß nicht nur Treibstoff gespart wird, sondern auch ungewollter Lärm oder Vibrationen reduziert werden. Zum Gebrauch durch die US-Marine bestimmt, wird die *AT-04* wahrscheinlich als mobile Radarplattform eingesetzt werden. Zur Zeit werden Luftradarplattformen auf Flugzeugen transportiert, die nur stundenweise in der Luft bleiben können.

Die Airship Technologies Group versucht die *AT-04* auch für kommerzielle zivile Zwecke einzusetzen und bietet Sponsoren das Luftschiff als riesigen, fliegenden Bildschirm an.

Es sieht so aus, als ob das Luftschiff trotz der früheren Warnungen und Bedenken wegen seiner großen Unsicherheit weit von seinem Ende entfernt ist. Denn gerade auf Grund der neuen technischen Möglichkeiten steht einer Weiterentwicklung von Luftschiffen nichts mehr im Wege, und der Menschheitstraum vom Ballonfliegen, den die Gebrüder Montgolfier, Henri Giffard, Ferdinand Graf von Zeppelin und auch Hugo Eckener träumten, kann weiter perfektioniert werden. Hinzu kommt, daß die Beschaffung von Helium inzwischen kein grosses Problem mehr ist.

Die bedeutendste Neuerung ist jedoch, daß Sicherheitsstandards gefunden wurden, die das Risiko eines Unfalls stark minderten. Nur unter dieser

MODELLANSICHTEN DES NEUEN LUFTSCHIFFS *AT-04* DER FIRMA AIRSHIP TECHNOLOGIES GROUP IN GROSSBRITANNIEN

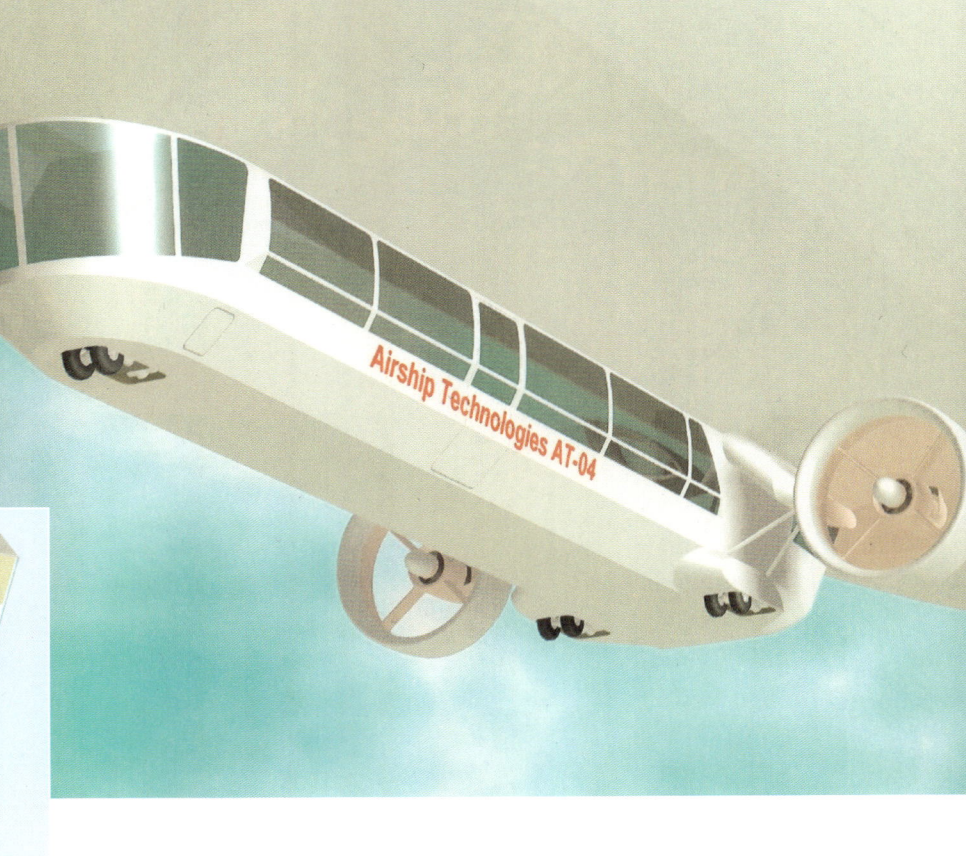

OBEN: EIN PRALL-LUFTSCHIFF GLEITET ÜBER DEN HIMMEL VON NEW YORK.

Bedingung war eine Weiterentwicklung der Luftschiffahrt denkbar, denn eine Katastrophe wie damals in Lakehurst oder an anderen Orten mußte für alle Zeiten unbedingt ausgeschlossen werden.

Ein anderer wichtiger Grund, die Entwicklung von Luftschiffen zu forcieren, ist ihre Umweltfreundlichkeit. Sowohl im Transport- als auch im Reiseverkehr lassen sich Einsatzmöglichkeiten denken. Zwar ist die Geschwindigkeit eines Zeppelins nicht mit der von modernen Düsenflugzeugen zu vergleichen, aber auf Grund der zunehmenden ökologischen Gefährdung unseres Planeten sollte man in der Tat überlegen, ob das fortwährende Bestreben nach immer höherer Geschwindigkeit überhaupt noch zeitgemäß ist. Zumindest bei Flügen innerhalb Europas und beim Güterverkehr kann das Luftschiff eine gute Alternative zum Flugzeug abgeben. Zudem besteht bei vielen Menschen ein großes Bedürfnis nach der Rückkehr zu den Zeiten des gemächlichen Reisens, in denen nicht nur das Ziel, sondern auch der Weg dorthin zählt. Auch dafür ist das Luftschiff das geeignetste Mittel. Ähnlich wie bei den großen Kreuzfahrtschiffen, kann eine Reise um die Erde in einem Zeppelin sehr reizvoll sein. Man muß dafür nur genügend Zeit und Muße mitbringen. Doch ganz egal, wie ihre Entwicklung ausfällt: als Möglichkeit, sich in der Luft fortzubewegen, sind die Zeppeline wegen ihres hohen Sicherheitsstandards und ihrer Umweltfreundlichkeit nicht mehr wegzudenken. Und wer weiß: vielleicht wird das Luftschiff ja einmal *das* Transportmittel des 21. Jahrhunderts sein.

UNTEN: DIE AT-10 MIT EINEM TV-BILDSCHIRM AUF DER AUSSENHÜLLE SCHWEBT ÜBER DER THEMSE. IM HINTERGRUND SIND DAS PARLAMENTSGEBÄUDE UND DER „BIG BEN" ZU SEHEN.

Register

Bildnachweise

Die Herausgeber danken für die freundliche Genehmigung des
Abdrucks der in diesem Buch enthaltenen Bilder:

AKG London 3, 7, 9u, 12, 18, 24, 26o, 27o, u, 28 f., 35, 45, 50, 56,
57, 58, 60, 62, 64o, u, 65, 66, 82, 84
Bridgeman Art Library/Bonhams London, UK *The Fall of Icarus, Jacob
Grimmer (c.1526–1589)* 30, Jean-Loup Charmet 10, 11, 13, 17
Corbis 6, 31, 91/Bettmann 14, 15, 20, 21, 26, 27, 85/UPI 25o, 32, 33,
39, 41, 42, 44, 45, 46, 47, 68, 69, 73, 86; George Hall 90;
Dave G. Houser 94; National Archives 51, 61, 67, 88;
Joseph Sohm/Chromosol 96; US Army White Sands 87

Hulton Getty 23, 25o, 34, 36, 37, 38, 48, 53, 55u, o, 71, 78
Image Select/Ann Ronan 8, 9o, 16o, u, 22
Tony Stone Images/Ken Biggs 92
Topham Picturepoint 49, 52, 54, 59, 74–75, 75o, 76, 79 ff.
Zeppelin Luftschifftechnik GmbH 93

Es wurde alles unternommen, um eine korrekte Danksagung zu ge-
währleisten und den Kontakt zu den Inhabern des Copyrights jedes
Bildes herzustellen. Carlton Books Limited entschuldigt sich für
unbeabsichtigte Fehler oder Auslassungen und wird diese in
zukünftigen Auflagen korrigieren.